3D 打印技术与应用

陈盛贵　著

吉林科学技术出版社

图书在版编目（CIP）数据

3D 打印技术与应用 / 陈盛贵著. -- 长春 : 吉林科学技术出版社, 2023.3

ISBN 978-7-5744-0150-1

Ⅰ. ①3… Ⅱ. ①陈… Ⅲ. ①快速成型技术 Ⅳ. ①TB4

中国国家版本馆 CIP 数据核字 (2023) 第 055025 号

3D 打印技术与应用

著　　陈盛贵
出版人　宛　霞
责任编辑　王运哲
封面设计　树人教育
制　版　树人教育
幅面尺寸　185mm × 260mm
开　本　16
字　数　210 千字
印　张　9.75
印　数　1–1500 册
版　次　2023年3月第1版
印　次　2023年10月第1次印刷

出　版　吉林科学技术出版社
发　行　吉林科学技术出版社
地　址　长春市福祉大路5788号
邮　编　130118
发行部电话/传真　0431-81629529 81629530 81629531
81629532 81629533 81629534
储运部电话　0431-86059116
编辑部电话　0431-81629518
印　刷　廊坊市印艺阁数字科技有限公司

书　号　ISBN 978-7-5744-0150-1
定　价　55.00元

前　言

3D 打印技术也称为增材制造技术，它将金属或塑料等材料通过逐层叠加的方式直接构成三维实体。3D 打印技术已经受到各国非常重视，我国也是大力支持该技术的研究与发展。3D 打印技术已经运用到各个领域中，介绍了 3D 打印技术目前在国内外的发展情况，以及它的应用范围。同时指出了 3D 打印技术存在着成本高、质量不理想和只能生产构造简单的产品等不足之处。虽然该技术存在不少问题，但其仍然具有十分广阔的发展前景。随着 3D 打印技术的不断发展，该技术必将会推动社会发展进步，不断改变着我们的生活和促进科技的飞速发展，且 3D 打印技术的个性化的特点也有利于其发展。与此同时，3D 打印技术和产业目前还不成熟，需要加大创新研究力度。只有通过长期的大量应用，才可以解决 3D 打印技术现存的问题。

3D 打印技术被称为第三次工业革命的标志之一，是新时代的一种新兴技术。随着 3D 打印技术的不断发展，它的应用范围会越来越广泛。3D 打印技术在不断革新的同时，3D 打印设备和材料的成本必然会降低，越来越多的新型材料将得到应用，这样也有利于 3D 打印技术的快速发展和推广应用，3D 打印技术的效率也可以实现较快发展。

随着 3D 打印技术的不断发展，该技术必将推动社会发展进步，不断改变着我们的生活和促进科技的飞速发展，且 3D 打印技术的个性化的特点也有利于其发展。与此同时，3D 打印技术和产业目前还不成熟，需要加大创新研究力度，只有通过长期的大量应用，才可以解决 3D 打印技术现存的问题。

为了提升本书的学术性与严谨性，在撰写过程中，笔者参阅了大量的文献资料，引用了诸多专家学者的研究成果，因篇幅有限，不能一一列举，在此一并表示最诚挚的感谢。由于时间仓促，加之笔者水平有限，在撰写过程中难免会出现不足之处，希望各位读者不吝赐教，提出宝贵的意见，以便笔者在今后的学习中加以改进。

目录

第一章 3D 打印技术概述

第一节 3D 打印技术内涵

3D 打印技术是指通过一层一层增加材料来制造物品的方式，通过专用软件对计算机生成的三维模型进行分层，逐层进行成型加工，最终形成和计算机中的三维模型一致的实物。传统的车、铣等加工方式都是通过对毛坯材料进行切削，去除不需要的部分，最终得到所需的物品或零件。而 3D 打印则完全不同，不需要毛坯，通过打印头挤出或者融化材料而成型，不仅节省了材料的消耗，而且也使得形状和结构复杂的产品的成型变得更加的容易，不再需要使用模具和工装夹具，使整个制造过程和研发时间大为缩短，提升了效率和能源利用率，降低了成本和有害气体的排放。

3D 打印技术对于定制化产品的制造也独具特色，对于 3D 打印来说，没有模具等的成本摊销，生产单个的定制件不会使成本大幅上升，同时可以实现本地生产的模式，哪里需要产品或零件就在哪里生产，减少了物流和渠道成本。目前，3D 打印技术已经应用于航空航天、医疗、艺术、时尚、建筑等众多领域。

虽然 3D 打印思想最早出现于 19 世纪末，直到 20 世纪 80 年代人类才制造出了第一台 3D 打印机。经过科研人员的不懈努力和刻苦钻研，该项技术有了长足的进步，目前逐渐被应用于人类社会的各个领域，如制造业、航空航天、生物医学、电子机器人、建筑行业等。3D 打印具有其独特的制造模式，能够实现一次性成型，在某种意义上它集成了一条现代化生产线的功能，从而改变着人类原有的生产方式。

一、3D 打印技术背景

(一)3D 打印技术纳入国家战略体系

目前风靡全球的德国“工业 4.0”计划视 3D 打印技为实现分布式，可视化、智能化生产的重要组成部分，而且德国政府正在制定该项技术发展的国家战略。美国正在实施先进制造业强国计划，决定由政府出资创办 15 家国家制造业创新中心，并于 2013 年成立了首家创新中心——美国国家增材制造创新中心，即 3D 打印技术创新中心。2014年，日本政府在其《制造业白皮书》中提出，通过调整产业结构，发展3D打印技术，新能源技术、机器人技术等尖端技术，增强日本制造业水平，提升了日本的国际竞争力。2015年2月28日，中国政府推出了《国家增材制造产业发展推进计划(2015-2016年)》，并制定了3D打印短期发展目标。由此可见，3D打印技术已成为各国重点发展的战略性资源。

2016年12月19日，笔者了解到，国务院发布的《国务院关于印发“十三五”国家战略性新兴产业发展规划的通知》，其中涉及多项（增材制造）内容，主要内容有以下五点：

（1）增材制造（3D打印）、机器人与智能制造、超材料与纳米材料等领域技术不断取得重大突破，推动传统工业体系分化变革，将重塑制造业国际分工格局。

（2）打造增材制造产业链。突破钛合金、高强合金钢、高温合金、耐高温高强度工程塑料等增材制造专用材料。搭建增材制造工艺技术研发平台，提升工艺技术水平。研制推广使用激光、电子束、离子束及其他能源驱动的主流增材制造工艺装备。加快研制高功率光纤激光器、扫描振镜、动态聚焦镜及高性能电子枪等配套核心器件和嵌入式软件系统，提升软硬件协同创新能力，建立增材制造标准体系。在航空航天、医疗器械、交通设备、文化创意、个性化制造等领域大力推动增材制造技术应用，加快发展增材制造服务业。

（3）开发智能材料、仿生材料、超材料、低成本增材制造材料和新型超导材料，加大天空、深海、深地等极端环境所需材料研发力度，形成一批具有广泛带动性的创新成果。

（4）利用增材制造等新技术，加快组织器官修复和替代材料及植介入医疗器械产品创新和产业化。

（5）建设增材制造等领域设计大数据平台与知识库，促进数据共享和供需对接。通过发展创业投资、政府购买服务、众筹试点等多种模式促进创新设计成果转化。

(二)3D打印技术推动生产方式的变革

人类社会发展至今，每一次重大的科技进步都推动着生产力的巨大提升，进而引起生产方式的变革。目前为止，人类社会大概经历了原始社会生产方式、人类文明初期的生产方式、手工业作坊式生产方式、现代大批量生产方式、柔性制造生产方式等几个阶段。随着生产力的发展，人类物质需求得到了极大的满足，但是也出现了生产与消费的“鸿沟”，从而导致产能过剩甚至导致发生经济危机。目前采用的柔性生产方式虽然缓解了生产与消费的矛盾，但是无法满足人类个性化、差异化的需求。3D打印的技术特性决定了其极有可能解决生产和消费的矛盾，从而实现个性化、可视化、社会化的生产方式。

（三）3D打印技术改变全球经济格局现状

因为劳动力成本低以及资源丰富等原因，非西方国家已成为低中端制造业基地，同时以中国为代表的发展中国家逐渐成为世界经济、贸易增长和物流中心。但随着3D打印等先进制造业技术的发展，正在形成制造业回迁西方发达国家的趋势。相对于传统生产方式，3D打印具有技术含量高、成本低、生产周期短等特点，并且能简化产品设计、生产、销售流程，从而能够实现分布式社会化生产。这使欠发达地区劳动力成本优势逐渐消失，西方发达国家在欠发达地区投资建厂、生产产品的欲望降低，从而将制造业“回迁”本国。与此同时，全球投资、生产布局、经贸流向以及物流等也将随之发生重大变化。

（四）3D打印技术促进基础科学研究

目前，3D打印技术正在应用于航空航天，生物医学、机器人设计等基础科学研究领域。在航空航天领域，科研人员通过该项技术制造出尖端飞机的零部件，甚至可以在外太空实现打印空间站所需零部件，而不用从地球运输此类物资。在生命科学领域，科学家利用该项技术打印出人类干细胞，并通过干细胞培育，制造出人体组织和器官，这不仅提高了人类在生物医学领域的研究能力，还有助于延长人类寿命。美国分子生物学家阿瑟·奥尔森正在利用3D打印制造人工分子以便研究艾滋病病毒，其目的在于掌握病毒的运行机制，从而生产出治愈艾滋病的药物。

综上所述，各国已将3D打印技术纳入国家战略规划，并视其为实现新工业革命的关键性技术。本书通过探索其本质和内涵，以及对社会各个领域的影响，提出促进该项技术发展的个人见解。

二、研究综述

（一）3D打印技术的技术性分析

此类文献主要从技术原理、分类和应用等方面阐述3D打印技术，认为该项技术是一种添加生产方式，能够实现一体化生产，不仅节省时间成本，而且提高材料的利用率；相比于传统生产方式，主要包括软件建模、打印过程、制造完成三个过程，简化了原有复杂的生产工艺流程；它主要包括分层实体成型、熔融沉积成型、立体光固化成型、选择性激光烧结、电子束自由成型制造等。目前，3D打印技术主要应用于制造业、航空航天、生物医学、建筑施工、电子机器人等领域。

吴国雄在《3D打印：一股席卷全球的工业革命浪潮》中论述了3D打印技术的基本原理和未来趋势，他认为：“破坏式创新的历史已经证明，3D打印不会停止脚步。随着时间推移，所有的困难点与阻碍都会被克服。一旦颠覆开始萌芽，它被接纳的速度远远超过任何人的想象。或许哪一天，我们就可以住在自己打印的房子里，吃着自己打印的糖果，穿着自己打印的衣服，开着自己打印的汽车，这一切看似不可思议，但它却悄悄地发生了。”

（二）3D打印技术的规范性分析

目前，3D打印技术正在影响着人类社会的各个方面，改变着人类的生产生活方式，并且具有广阔的发展前景。但是，因为科学技术的内在风险属性，该项技术蕴涵着一定的风险，如知识产权保护、违禁产品制造、伦理道德等问题。目前科学家将该项技术应用于生物医学领域，制造出了人造骨骼、人造器官等，并且成功移植于患者体内。虽然这将推动生物医学的发展，但依旧存在着潜在的风险，即是否可以打印出真正的“人”？从理论上来讲，这是可以实现的，那么这将引发一系列的伦理问题，甚至直接威胁到人类社会存在的伦理基础。

刘步青在《3D打印技术的内在风险与政策法律规范》中论述了3D打印是先进制造业技术，能够应用于诸多领域而解决人类目前存在的问题，并且阐明了政府理应制定相关政策扶持其快速发展。同时认为3D打印技术因其技术特性，可能造成知识产权、伦理道德等问题，甚至制造出危害人类社会的违禁物品，如枪支、毒品。文中建议政府在制定发展战略或者规章制度时应充分考虑到可能会产生的危害，做到提前预防，促进该项技术健康发展。

（三）3D打印技术的战略性分析

目前，3D打印已成为各国优先发展的战略性新兴技术。美国认为3D打印技术、新能源技术、信息技术、网络技术、数字化制造技术等将引发第三次工业革命，并通过政府投资成立了美国首家国家制造业创新中心，即3D制造创新中心。德国在其“工业4.0”计划中，将3D打印技术视为实现分布式，可视化、智能化生产的关键性技术，并且正在制定3D打印技术发展的国家战略。日本在其《制造业白皮书》中，明确提出重点扶持3D打印等制造业尖端技术优先发展，从而增强本国制造业的国际竞争力。中国政府在2015年两会前发布了《国家增材制造产业发展推进计划（2015-2016年）》。由此可见，3D打印已成为战略性资源，其发展能够促进我国产业结构调整，提升我国制造业综合能力。所以我国需要制定发展路线图和中长期发展计划，促进该项技术快速发展，抢占技术制高点，实现技术追赶甚至是超越;并且利用新工业革命到来的契机，实现跨越式发展，从而加速由“工业大国”向“工业强国”的转变。

王忠宏、李扬帆、张曼茵在《中国3D打印产业的现状及发展思路》一文中论述了3D打印产业发展现状，分析了其对中国制造业发展的战略意义，并根据我国工业发展现状给出了政策建议。此文认为该项技术的发展有助于我国攻克技术难关，提高工业设计能力和生产水平，将创造新的就业机会和经济增长点；同时指出该技术的发展需要加强产业联盟、行业标准建设和教育培训和社会推广等。

（四）3D 打印技术的经济性分析

此类文献以行业报告为主，其中美国沃勒斯（Wohlers Associates）行业报告比较权威。根据美国沃勒斯（Wohlers Associates）2014 报告，2013 年全球 3D 打印市场增长率高达 34.9%．市场达到了 30.7 亿美元。这种发展势头，超平行业预测，远远超出 201 1 年对市场的展望。沃勒斯协会分析了目前 3D 打印的应用领域，其分布如下：消费品／电子产品领域占 24.1010、汽车产业占 17.5 010、医疗／牙科占 14.7%、工业机器占 11.7%、航空航天占 9.60’/0、学术机构占 8.6%、政府军队占 6.5%、建筑和地理信息系统占 4.80/0、其他行业占 2.5%。同时，报告结果分析了 1998-2013 年．3D 打印设备在世界各国的分布状况。目前，美国作为该项技术的发源地和主推国家，拥有最多的 3D 打印设备，其拥有比高达 38.20/0，相比于 2011 年其比例虽然略有下降，但是美国仍然掌握着其核心技术；日本拥有比高达 10.2%，基本与 2011 年情况持平；德国从原有的 9.19% 提高为 9.3%；中国拥有 8.6% 的 3D 打印设备，提高了 0.2 个百分点。法国、英国等欧洲强国拥有的比例基本与 2011 年持平。

三、选题研究理论基础

（一）波普尔“三个世界”理论

波普尔最早在“没有认识主体的认识论”（Epistemology Withouta Knowing Subject）中提出了“三个世界”的理论，并对其做出了比较系统的论述。波普尔认为除了物质世界和精神世界以外还存在着人类精神世界的产品，即世界。波普尔对三个世界作了以下的界定:（1）物质世界（世界 1），其包括所有生命体和无生命体;（2）精神世界（世界 2），包含了知觉经验和非无知觉经验;（3）精神产物的世界（世界 3），包含了人类精神活动产生的理论知识，如相对论、牛顿三大定理等;还包含艺术作品，如电影、音乐、雕塑等；实践活动的产物，如电视、飞机、火车、汽车等。他认为除理论知识等虚拟信息以外，其他世界 3 成员，都需要世界 1 作为载体。按照此定义，世界 3 的组成比较复杂，它既包括世界 3 客体而且包括部分世界 1 客体。波普尔认为:“其世界 3 的定义既包括人类精神活动的产物，又包括体现世界 3 的部分物质客体，这种定义具有扩展性，它给未来‘三个世界’理论的研究提供了延伸空间。”波普尔认为:“世界 1 与世界 3 之间的作用关系是通过以人为载体的世界 2 完成的。”尽管波普尔世界 3 的定义具有开放性和包容性，但是将部分人造物体划归为世界 3，造成世界 1、世界 2、世界 3 之间的划分不够清晰，不利于读者理解。本书更倾向于国内学者王克迪教授对世界 1、世界 2、世界 3 的划分，即世界 3 应当是纯知识或精神活动的产品。

王克迪教授的定义和划分能使研究人员清晰地理解世界 1、世界 2、世界 3，而且适合当代信息技术发展的需求。

(二)STS 理论

随着现代科学技术的发展，人类社会呈现出复杂性和多样性的特征。科学技术与社会的相互作用关系引起了学术界的关注，成为新兴研究方向，并形成了科学、技术与社会理论，即 STS 理论。STS 属于跨学科研究，它通过结合自然科学、技术科学、人文社会科学的相关理论，研究“科学”、“技术”、“人”、“社会”之间的相互作用关系；同时对现代社会的经济问题、政治问题、文化问题、社会问题、生态问题进行整体性研究。STS 通过系统化研究揭示科学技术对社会的综合作用，尤其是探索科学技术发展对人类社会产生的消极影响，通过科学规划和科学管理，提前预防负面作用的产生，实现社会、经济、文化、环境的全面协调发展。

(三)海德格尔“座驾”理论

技术的大规模应用虽然在某种程度上展现了人的主体性，让人类更加“自由”，但是这种“自由”和主体性展现具有局限性，甚至是人类无法接受的。正如对技术的批判，技术的资本化应用使人类陷入了无穷无尽的“创新—制造—消费—垃圾”的生产模式，而普通劳动者也成为这一模式的一个要素。自工业革命以来，技术在社会生产中的普遍应用，改变了人类的生产方式和生产关系。通过以机器为载体的流水生产线在工业生产中广泛使用，从而极大地提高了人类的生产效率，并使得人从众多繁重的体力劳动中解放出来，但是支撑此种模式的工业技术，由于其超强的功能性、工具性限制了普通劳动者的选择性，让它成为工业生产中按照指令行动的“机器人”，甚至成为机器的“服务者”。海德格尔则认为，在座架（技术的本质）指引的“挑起”和“预置”的去蔽过程中，人也被还原成各种可利用的资源，而且按照参照物的可预置性来规定自身的实践标准，从而使得人类本来那种无限展开的可能性被“预置”成为某一种功能。于是真正能够在现代工业生产中体现主体性、自由选择可能性的人只是极少数的创造者，更多的是以牺牲自由为代价成为丧失主体性的劳动者，或者说是现代工业社会的“要素”。

(四)政治经济学

生产方式（Mode of Production）是指人类获得所需物质资料的劳动方式。生产方式是生产力与生产关系的有机统一，生产力反映人与自然界之间的关系；生产力反映生产方式的物质内容，生产力包括三要素：劳动者、劳动资料和劳动对象，其中劳动者占据主导地位，劳动资料作为改造世界的工具展示着人类生产力水平。根据劳动资料的演变，可以将人类历史划分为不同的经济发展阶段：生产关系反映了人与人之间的关系，生产关系是生产方式的社会形式。它具体表现为生产过程中的生产、交换、分配、消费等关系。生产关系的基础是生产资料的所有制形式，其决定了生产过程中人的地位和相互关系，决定了交换、分配、消费之间的关系。

人类发展至今，生产力随着科技水平的进步发生变化，甚至产生革命性变革。相对于生产力，生产关系相对稳定。生产力根据内容与形式的辩证关系，要求生产关系与之相适应。由此，生产力和生产关系之间必然形成相互依存，相互作用的辩证关系。生产关系的存在、发展、变革决定于生产力的发展程度：生产力和生产关系的矛盾运动构成了生产关系一定要适合生产力状况的规律。在这之中，生产力是矛盾的主要方面，对生产关系起着决定作用。五、技术创新与知识产权制度

随着技术创新的不断发展，知识产权制度变得尤为重要。“保护知识产权，鼓励技术创新”已成为学界关注的焦点。因此，关于技术创新与知识产权制度相互关系的研究已经成为法学、经济学、管理学、哲学等多学科的热门课题。

西方经济学界关于技术创新与知识产权制度相互性的研究主要通过经济学的方法来分析，将知识产权制度的发展界定在制度创新的层面。视制度创新和技术创新为资本主义经济发展的两大基本动因。在对这两种因素的作用方式和相互关系的阐述上，经济学家更多的是从技术创新的经济效益以及制度变迁的角度来论证自己的观点。道格拉斯. C. 诺斯（Douglass C. North）在其《经济史中的结构与变迁》一书中认为：制度性的因素对经济增长起着决定性的作用，制度创新是实现技术创新的有力保障，同时制度创新的核心又是产权制度的创新。“一套鼓励技术变化，提高创新的私人收益率使之接近社会收益率的系统的激励机制只是随着专利制度的建立才被确立起来。”

著名的物理学家、科学史学家贝尔纳则在《科学的社会功能》中强调了知识产权制度的阻碍作用，他认为“另一个严重干扰科学成果的应用的因素是专利法”，“专利法经常不能奖赏最初的发明家而且妨碍而不是促进发明的进展”，“现行的专利制度一方面无法奖赏发明家，另一方面却往往严重损害公众的利益”。

本书通过追述打印技术的演变历程，总结此类技术的整体发展规律，并对其发展做出试探性预测，同时研究 3D 打印技术的工作原理和特性，提出该项技术的本质和内涵；利用哲学独有的反思精神，借鉴现有科技哲学研究成果，重点利用波普尔“三个世界”理论对该项技术进行哲学解读。同时，从哲学层面系统地概述了该技术对人类主体性的影响以及对现有伦理道德的冲击；在马克思政治经济学框架下，研究 3D 打印技术对生产力以及生产方式的影响，并试探性论述通过调整生产关系而促进生产力的进一步发展：科学技术具有内在风险性. 3D 打印技术的发展将对现有知识产权法产生冲击，通过研究具体实例给出相应的对策建议，避免其对人类社会产生不可连续的危害：通过借鉴各国 3D 打印产业的发展战略以及结合我国工业发展现状，提出该技术稳步发展的对策建议。通过以上研究，希望本书能够对 3D 打印技术的发展起到实践指导作用，能够加快其发展，从而推进我国产业结构调整升级，实现从“工业大国”向“工业强国”的转变；同时通过该项技术与信息网络技术的融合，实现李克强总理

提出的“互联网 +”计划。

四、打印技术的发展回顾

人类社会发展至今，出现了不同种类的打印技术和设备，它从最初的文字打印、图像打印到现在的实物打印、从二维打印到三维打印，甚至四维打印、从无机物到有机物的打印的演变过程中，对人类社会产生了深远的影响。

随着人类社会的发展，传统的信息记录方式已经无法满足社会发展对文本规范的需要，打字机正是在这种社会需求的推动之下，由毫不起眼的发明变成了一种沿用至今的现代化办公工具。在这期间，打字机经历了几次重大变革，从而满足人类社会发展的需求，使文本书写变得更加高效、规范、快捷。下面简要论述打字机发展的相关历程。

（一）机械打字机

关于世界上第一台打字机的准确信息，在现有文献资料中很难确定。当前关于第一台打字机的出现时间和发明者的主要判断为以下几种说法：第一种说法：世界上第一台机械打字机是意大利人佩莱里尼·图里于1808年发明的。虽然无法考证其真实有效性，但在意大利勒佐市的档案馆里却保留有使用该打字机打出的信件，所以这便成为了关于第一台打字机争论的焦点。第二种说法：1829年，来自美国密歇根州的威廉·伯特获得了由于印刷工人使用的拨号，而不是键，来选择各字符，它被称为“索引打字机”而不是“键盘打字机”。关于“排字机”的专利，因为使用者通过转盘，而不是按键来选择各字符，导致这台机器比手写要慢，所以发明从未被商业化应用。第三种说法：1864年，奥地利的木匠彼得·弥顿豪威尔制作了一台木质打字机，目前陈列在德国德累斯顿市的技术博物馆中。通过敲打打字机的键钮，联动顶端的微型木质字母，并使其从下向上打到固定框架的纸上，则完成一个字符的打印工作。但这台打字机制作比较粗糙，效率不高，所以没有得到推广。

从上述三种说法可以看出，打字机的最初发明，并不存在商业目的，而只是个人兴趣爱好和私人需求的体现。当然受到发明者自身实力和社会科技水平的限制，这两台原始的打字机存在着效率低、制作粗糙的劣势，也没有得到商业化利用，所以对于社会生产生活方式并没有产生多大的影响。但是作为原始技术雏形，则为后世发明大规模商业化生产的打字机提供了参考样本。

世界上第一台商业化的打印机是由克里斯托夫·肖尔斯（C. Sholes）于1868年设计出，并通过申请专利获得了打字机的经营权。根据克里斯托夫·肖尔斯打印机架构理念，雷明顿公司生产出了世界上第一台商业化打印机。

在这之后，诸多工程师对打字机进行了不断地完善，但所有改进的打字机实际上都只是肖尔斯设计架构的不同变化形式而已。即使电动打字机也不过是一台熟悉的打字机带有电源的形式。1960 年，IBM 公司发明了字球式打字机，利用一个打印球代替了原有的打印连杆，从而进一步提升了打字机的工作效率。1978 年，通过融入电子计算机技术，打印机开始使用电子微处理器和菊瓣字轮，并一直沿用至今。

打字机作为西方工业文明的产物，在被商业化使用后，也逐步衍生出能打印其他文字的打字机。其中，第一台中文打字机是由山东籍留美学生祁暄在 1915 年 9 月发明，并取得了国内发明专利。借鉴英文打字机技术，并且根据先拆字再组合的原理构造而成的手动打字机，其运用灵便，构造完备，所印字迹鲜明。但是由于汉字结构较为繁杂，传统的机械式中文打字机的打字效率实为不高，所以一般还是采用手抄或者油印。所以即便到了 20 世纪中叶，在使用汉字的地区，唯有财力充裕的学校才能使用得起中文打字机。随着电子技术的发展，如同英文打字机的不断进步一样，中文打字机也借助新的电子技术，采用拆字法的小键盘电子式中文打字机随即被发明。到 20 世纪 80 年代中期，随着微电脑在社会上的普及，香港作家简而清与大陆生产商合作研制出一台能使用笔描绘汉字的手提中文打字机。

（二）电子化打印机

1. 电传打字机

电传打字机（英语：Teleprinter、Teletype writer Tele-Type，缩写为 TTY），简称电传，是远距离打印交换的编写形式。电传打字机通过多种通信信道，实现点对点或者点对多点的信息传输。电传打字机既具有电话的远距离快速信息传送，同时还具有打字机的快速化、准确化、规范化等特点。

加拿大人克里德发明了电传打字电报机，而真正被大规模商业化使用的电传打字机是由克鲁姆于 1907 年制造的一台具有现代特征的电传打字机。这种打字机采用了一种基于五单位二进制码排列的新系统，这种电传打字机由键盘、收发报器和印字机构三大模块组成。电传打字机主要分为机械式、电子式两类。

2. 电子打字机

在打字机发展史上，最重要的进步是人类结合了机器和电子技术，发明了电子式打字机。它主要采用了塑料或者是金属菊花轮原理替代了原有的机械式打字机的版球。1981 年，施乐公司将菊花轮技术应用于打字机，这项技术的引入降低了打字机的成本；同时电子打字机的存储和显示功能，使得打字机使用者提前发现编辑错误并及时进行修改。随着科学技术的进步，人类生产出了更加先进的电脑打字机。相比于机械和电子打字机，电脑打字机有了更加先进的功能，可以通过显示器及时发现错误，而且更加方便地进行修改。

（三）针式打印机及其发展

针式打印机（或称点阵式打印机，Dot Matrix Printer）是依靠一组像素或点的矩阵组合，并利用打印钢针按矩阵组合打印出字符，每一个字符可由 m 行 xn 列的点阵组成。点阵式打印机的“打字”原理与前面所叙述的机械式打字机原理相同，都是运用击打式“成像”。不同点在于针式打印机用一组小针来产生精确的点，通过点的矩阵组合形成字符，这样“自由组合”的成像方式使得针式打印机不仅可以打印文本，而且还能打印图形。

1. 针式打印机的特点

虽然针式打印机相较于喷墨打印机，其颜色单调、像素极差，只能生产单色的文字；相比较于激光打印，其速度过慢、像素同样极差，但是针式打印可以实现多联复写打印，所以依然在银行、超市等行业有着广阔的市场。

2. 针式打印机的工作原理

目前市场上有多种型号的针式打印机，但其基本构成都包括打印机械装置、控制与驱动电路。通过控制面板精确控制针式打印机的各个机械装置，使其进行 3 种运动：打印头的横向运动、打印纸的纵向运动以及打印针头的击针运动，通过以上运动完成打印成像工作。就像微型计算机，针式打印机的操作都是在中央处理的控制下完成的。中央处理器可以接受控制面板的指令或者主机的指令，根据指令中央处理器控制针式打印机打印出相应内容。

喷墨印刷是一种计算机打印技术，通过将墨滴喷至纸张、塑料或其他底面上而呈现数字图像。喷墨打印机是目前比较常用的打印机，包括了小型廉价的消费类机型以及价值几万美元或更高的大型专业机器。

喷墨印刷的概念产生于 19 世纪，在 20 世纪中叶开始广泛使用。在 20 世纪 70 年代末，开发出能够再现计算机数字图像的喷墨打印机，主要厂商包括爱普生、惠普（HP）和佳能。

当前喷墨打印机主要使用的技术为连续喷墨（Continuous InkJet，CIJ）和按需喷墨（Drop-On-Demand，DOD）。

（1）连续式喷墨（CIJ）。当前，连续喷墨技术主要用于产品和包裹的标记和编码。在 1867 年，开尔文勋爵申请了虹吸记录器专利，其利用电磁线圈驱动的墨水喷嘴在纸张上连续记录电报信号。1951 年，西门子运用 cu 技术，推出了第一台医疗图表记录器。

（2）按需式喷墨（DOD）。按需喷墨可分为热发泡式喷墨（Thermal DOD）和压电式喷墨技术（Piezoelectric DOD），目前大多数消费类喷墨打印机，其中包括佳能、惠普和利盟生产的产品，都采用热发泡喷墨工艺。采用热激发推动墨滴的想法由两个独立的研究团队同时提出，惠普科瓦利斯研发团队和佳能公司研发团队。热发泡喷墨工艺使用的墨盒包含一系列微小的腔室，每个都包含一个加热器，所有腔室采用光刻法制造。该项技术使用的墨水通常为水性油墨，并使用颜料或染料作为着色剂。所使用的墨水必须具有挥发性成分，以便形成蒸汽泡；否则无法进行墨滴喷射。由于不需要特殊材料，打印头一般比其他喷墨技术便宜。

目前，大多数商业和工业喷墨打印机以及部分消费类打印机使用压电材料代替加热元件。当施加电压时，压电材料改变形状，其在液体上产生的压力脉冲迫使墨滴从喷嘴喷出。由于不需要挥发性成分并且不会堆积油墨残留物，压电喷墨可以使用比热发泡喷墨更广泛的墨水，但由于采用压电材料，打印头制造成本较高，压电喷墨技术通常用于生产线对产品进行标记。

喷墨打印机具有许多优点，其工作噪音比打点字模打印机或转轮式打印机低；同时打印头具有更高的分辨率，可以打印更精细、更平滑的细节。

（四）激光打印机及其发展

激光打印是一种静电数码印刷工艺，通过激光束扫描鼓而生成高质量的文字和图像。激光打印机（laser printer）是运用激光打印机技术而快速印制高质量文本与图形的打印机。相比于数字复印机、多功能喷墨一体机，激光打印机采用了静电印刷方式，即通过激光束快速扫描鼓产生图像，激光打印机可以快速生成高质量文字和图像。

1. 激光打印机发展历史

1971 年，施乐公司的工程师斯塔克韦瑟，通过改进一台复印机制造出了一种扫描激光输出端，即世界上第一台激光打印机。1972 年，斯塔克韦瑟、巴特勒兰普森和罗纳德·里德尔共同合作，在原有的扫描激光打印机上格外增加了控制系统和字符发生器，制造出了施乐 9700 激光打印机的原型。施乐公司因激光打印机的发明而获得了巨大收益。

1976 年，IBM 公司首次设计推出了商业化激光打印机 IBM3800。它主要用于数据中心，取代了连接于电脑主机的行式打印印机。IBM3800 可以进行大批量印刷，能够实现每分钟 215 的打印速度，并且能都达到 240DPI 的分辨率。1979 年佳能公司研制出了低成本的桌面打印机，LBP-10，随后佳能研究开发了改进型的 LBP-CX 激光打印机。1981 年，施乐公司开发出了首款办公用途的激光打印机 XeroxStar8010，但是因为价格昂贵，只有少数实验室和研发机构才能购买这款产品。

随着计算机技术的发展，惠普公司于 1984 年设计制造了首款面向大众市场的激光打印机 HP Laserjet。它采用佳能公司的硬件架构，并且通过 HP 打印机软件控制其工作，因为市场庞大，兄弟公司、IBM 等推出了各自的激光打印机。

1985 年，苹果公司推出了 Laser Writer，它使用了新发布的页面描述语言 -Post Script。因为 Post Script 使用文本、字体、图形、图像、色彩等不受品牌和分辨率的限制，这也解决了因为不同激光打印机生产商使用自己的页面描述语言而带来的操作复杂和价格昂贵等问题。1985 年，Aldus 为 Macintosh 和 Laser Writer 编写了 Page Maker 软件，而且这种组合成为最流行的桌面发布系统。使用这些产品，普通用户就可以制作出以前只有经过专业排版才可以完成的文档。如同其他设备，随着技术的发展和生产成本的降低，激光打印机的价格也在大幅度降低，已经取代了喷墨打印机，成为最普遍的打印设备。

2. 激光打印机的工作原理

激光打印机是由激光器、声光调制器、高频驱动、扫描器、同步器及光偏转器等组成，其作用是把接口电路送来的二进制点阵信息调制在激光束上，之后扫描到感光体上。感光体与照相机组成电子照相转印系统，把射到感光鼓上的图文映像转印到打印纸上，其原理与复印机相同，激光打印机是将激光扫描技术和电子显像技术相结合的非击打输出设备。它的机型不同，打印功能也有区别，但是工作原理基本相同，都要经过充电、曝光、显影、转印、消电、清洁、定影七道工序，其中有五道工序是围绕感光鼓进行的。当把要打印的文本或图像输入计算机中，通过计算机软件对其进行预处理。然后在由打印机驱动程序转换成打印机可以识别的打印命令（打印机语言）送到高频驱动电路，以控制激光发射器的开与关，形成点阵激光束，再经过扫描转镜对电子显像系统中的感光鼓进行轴向扫描曝光，纵向扫描由感光鼓的自身旋转实现。

五、3D 打印技术及其发展

3D 打印技术（Three-Dimension Printing），又称添加制造或者增材制造（Additive Manufacturing，AM），属于目前各国致力于发展的先进制造技术，它是以物体的数字化信息为基础，通过将粉末状金属或塑料等可粘合材料层层叠加而制造三维实体。

（一）3D 打印技术及其发展历程

3D 打印思想最早出现于 19 世纪末，这成为该技术发展的重要思想来源和不断探索的精神推动力。3D 打印技术作为“19 世纪的思想，20 世纪的技术，21 世纪的市场”，经历了以下几个发展过程：

19 世纪末，美国研究出了的照相雕塑和地貌成形技术. 1892 年，Blanther 第一次公布了使用层叠成形的方法去制作地形图的构思。

1940 年，Perera 提出了与 Blanther 相同的技术构想，指出可以沿等高线轮廓切割硬纸板然后叠成模型制作三维地形图的方法。

1972 年，Matsubara 在纸板层叠技术的基础之上初次指出可以尝试使用光固化材料，光敏聚合树脂涂在耐火的颗粒上面。然后在这些颗粒将被填充到叠层，加热后会生成与叠层对应的板层，光线有选择地投射到这个板层上将指定部分硬化，没有扫描的部分将会使用化学溶剂溶解掉，这样板层将会不断堆积知道最后形成一个立体模型。我们认为这一技术设想和装置已经初步具备了当代 3D 打印机的雏形，因为其已经有逐层、增材、成形的技术加工过程。

1977 年，Swainson 提出了可以通过激光选择性照射光敏聚合物的方法直接制造立体模型。同时期．Schewerzel 在 Battlle 实验室也开展了类似的技术研发工作。

1979 年，日本东京大学的 Nakagawa 教授开始使用薄膜技术制作出实用的工具；同年，美国科学家 R．F．Housholder 获得类似“快速成型”技术的专利，但没有被商业化。

1981 年，Hideo Kodama 首次提出了一套功能感光聚合物快速成型系统的设计方案。

1982 年，Charles W.Hull 试图将光学技术应用于快速成型领域。

1986 年，Charles W.Hull 成立了 3D Systems 公司，研发出了著名的 STL 文件格式，STL 格式逐渐成为 CAD、CAM 系统接口文件格式的工业标准。

1988 年，3D Systems 公司研制成功了世界首台基于 SLA 技术平台的商用 3D 打印机 SLA-250。同年，ScottCrump 发明了另一种 3D 打印技术 FDM 技术，申请注册专利之后成了 Stratasys 公司。之后在 1992 年，Stratasys 公司推出了第一台基于 FDM 技术的 3D 打印机 -3D 造型者，标志着 FDM 技术正式进入商业化时代。

1989 年，美国得克萨斯大学奥斯汀分校的 C．R．Dechard 发明了 SLS 技术，基于 SLS 成形之技术特点，SLS 技术用途极广并且可以使用多种材料，这使得 3D 打印从此走向多元化。

1993 年，美国麻省理工学院的 Emanual Sachs 教授发明了三维印刷技术（Three-Dimension Printing，3DP）。

经过这么多年的快速发展，3D 打印技术日趋成熟，商业化应用也逐渐崭露出头角。世界各国政府和企业都看到了这其中所蕴含的无限科学、工程、商业潜能，纷纷投入巨大的人财物力，进行 3D 打印机的研制工作。

1996 年，前面提到的两家公司 3D Systems，Stratasys 各自发布了新一代的 3D 打印机，其中 Stratasys 公司在三年后又发布了桌面级 3D 打印机。而后来者 Z Corporation 公司在 1996 年推出了新型快速成型设备 2402 之后，于 2005 年又发布了世界上首台高精度彩色 3D 打印机 Spectrum 2510，至此 3D 打印进入彩色时代。

2007 年，3D 打印服务的创业公司 Shapeways 成立，Shapeways 公司基于 3D 打印机对于“商品数据”的依赖性，建立起了此项服务设计的在线交易平台，开启了社会化制造模式。

2008 年，美国旧金山一家公司通过添加制造技术首次为客户定制出了假肢的全部部件。

2009 年，美国 Organovo 公司首次使用添加制造技术制造出人造血管。

2011 年，英国南安普敦大学工程师 3D 打印出世界首架无人驾驶飞机，造价 5 000 英镑。

2011 年，Kor Ecologic 公司推出世界第一辆从表面到零部件都由 3D 打印制造的车“Urbee”，Urbee 在城市时速可达 100 英里，而在高速公路上则可飙升到 200 英里，汽油和甲醇都可以作为它的燃料。

2011 年，i · materialise 公司提供以 14K 金和纯银为原材料的 3D 打印服务，可能改变整个珠宝制造业。

3D 打印在其发展过程中，受制于技术条件和成本价格等原因，起初主要应用于专业化、重量级的产品原型设计和生产。正如计算机的发展过程，它经历了从昂贵、笨重、低效到廉价、小巧、智能化的发展路径，这与当前 3D 打印机的发展路径基本相似。目前，随着 3D 打印机的商业化、市场化、家庭化的应用，已经使普通老百姓能够根据自身需求打印简单的物件。

（二）3D 打印技术的分类

目前，已经产生了多种 3D 打印工艺，它们主要的区别在于沉积方法和所使用的材料的不同，主要包括以下几类：

（1）分层实体成型（Laminated Object Manufacturing，LOM）。分层实体制造（LOM）是由 Helisys 公司开发的快速原型系统，LOM 主要使用纸，金属箔，塑料薄膜等材料。在打印过程中，胶带纸、塑料薄膜，或是金属层压板依次胶合在一起，并且通过刀或者激光切割器切割成形。这种技术制造的产品的分辨率取决于材料的分辨率。

激光切割系统按照计算机提取的横截面轮廓线数据，将背面涂有热熔胶的材料切割出工件的内外轮廓。切割完一层后，送料机将新的一层材料叠加上去，利用热粘压装置将已切割层黏合在一起，然后再进行切割，这样层层切割、粘合，最终成为三维工件。此方法除了可以制造模具外，还可以直接制造结构件或功能件，该方法的特点是原材料价格便宜、生产成本低。

（2）熔融沉积成型（Fused Deposition Modeling，FDM）。20 世纪 80 年代，S. 斯科特 · 克伦普发明了熔融沉积成型技术（Fused Deposition Modeling，FDM），这项技术按照增材制造原理，逐层堆积材料形成三维物体。FDM 主要使用塑料纤维或者金属丝作为原材料，利用电加热将原材料加热至熔点以上一度，将熔融的材料涂覆在工作台上，冷却后形成工件的一层截面，重复此操作并制造三维物体。FDM 的优点主要是污染小、材料可重复使用、操作简单。

（3）立体光匿化成型（Stereo Lithography Appearance，SLA）。SLA 工作原理：用特定波长与强度的激光聚焦到光固化材料表面，使之由点到线，由线到面顺序凝固，完成一个层面的绘图作业，然后升降台在垂直方向移动一个层片的高度，再固化另一个层面，重复此操作形成了三维实体。

SLA 主要以液态光敏树脂为原料．SLA 主要有以下优点：加工速度快，产品生产周期短，无须切削工具与模具。SLA 主要有以下缺点：造价高昂，使用和维护成本过高等。

（4）选择性激光烧结（Selective Laser Sintering，SLS）成型。20 世纪 80 年代中期，卡尔·戴克博士和得克萨斯州立大学博士生导师乔比曼共同发明了选择性激光烧结（SLS）技术，并且申请了相关专利。选择性激光烧结是采用激光有选择地分层烧结固体粉末，并使烧结成型的固化层叠加生成所需形状的零件，其整个工艺过程包括 CAD 模型的建立及数据处理、铺粉、烧结以及后处理等。

（5）电子束自由成形制造（Electron Beam Freeform Fabrication，EBF3）。电子束自由成形技术以电子束为热源，溶化金属丝制造零件。电子束自由成形技术最早由美国国家航空航天局兰利研究中心发明．LaRC 具有这项技术的专利权。这项技术主要用于制造复杂的、“近净成形”的部件；相比于传统工艺，它需要更少的原材料和后续处理。

（三）3D 打印技术的工作步骤

3D 打印技术的发展至今，形成了多种快速成型方式，但是无论是哪种方式都需要以下工作步骤：

（1）软件建模。而如今，主要通过计算机辅助设计（Computer Aided Design，CAD）、3D 扫描仪或者摄影测量软件等设计 3D 打印模型。软件建模可以分为两种:（1）直接通过 CAD 设计模型数据;（2）通过 3D 扫描仪，扫描手工模型得到 3D 打印数据。无论用任何一种软件建模，3D 模型数据都需要转变为 STL 格式或者 OBJ 格式，以便于打印软件可以读懂并且执行数据。在 3D 建模过程中，要特别注意，在 3D 打印前，必须检查流行误差，尤其是 STL 格式文件是通过 3D 扫描获得的。

（2）打印过程。当 3D 打印机执行打印时，需要在 G 语言指令的控制下进行连续逐层打印。所以 3D 打印机需要通过“切片机”（slicer）软件将 STL 格式的模型数据转换为切面数据，并且将 STL 格式文件转换为 G 语言指令。G 语言产生的截面数据与 CAD 建模的界面是完全吻合的，所以 3D 打印技术可以制造几乎所有几何形状的物体。

为了实现 3D 打印，我们首先需要在计算机中创建出虚拟的模型，这需要使用 3D 建模软件也就是通常所说的 CAD 软件来完成。根据具体建模的需要以及应用的领域，可以选择不同的软件，其中包括对 3D 建模起辅助性作用的 2D 绘图软件，如 Illustrator．Corel Draw．Auto CAD 等，工业或工程领域的核心 3D 建模软件，如 Pro/E，Solid Works，CATIA 等。对于艺术家和视觉设计师则更倾向于使用 Rhino 或 Alias 等曲面建模软件。除此之外，还有很多开源软件，如 Google Sketch Up，Blender 等。但是，

3D 建模软件本身就对 3D 打印的普及造成了一些障碍，因为需要用户经过一段时间的学习，同时要有三维想象能力，对打印出的作品，头脑中提前要有大致的概念。最新的开源软件包括 Tinkercad，Autodesk123D，3DTin 等，这些软件可以输出 STL 格式的文件是很大的优势。然而，这些开源软件输出的 STL 文件，有时候质量并不算高，并不能直接用于 3D 打印，有些软件只基于 Windows 平台，有些软件只是基于网络或只能通过浏览器来使用。诸如 Maya，3D MAX 这类用于动画制作的软件也可以用来建模，但是只能形成曲面模型，还需要其他软件来转换成计算机中的实体模型，才能用于 3D 打印。

另一种建模方式就是使用 3D 扫描仪或力反馈触觉传感臂。3D 扫描仪扫描实物后形成点云，通过相应的软件把这些点云转换成曲面和实体。通常情况下，使用 3D 扫描仪对物体的不同部分进行扫描，然后利用软件把这些部分拼接起来形成和实物一样的完整的数字模型。一般情况下，还需要对得到的模型文件做清理和转化，以便适合 3D 打印。或者也可以把这些扫描得到的模型导入 3D 建模软件中，根据作品的需要利用建模软件对数字模型做造型上的变化和调整，然后再导出 STL 文件用于打印。

3D 扫描仪有很多种，包括接触式的、激光式的等等。使用力反馈触觉传感臂建模的方法是这样的，设计人员手握笔形传感器，面对计算机，在力反馈的作用下，仿佛用雕刻刀在粘土上实时造型一般，最终完成了三维数字模型的创作。

一旦通过建模软件或者扫描的方式创建好了 3D 数模，接下来就是把数模转换成 3D 打印机驱动软件可以读取的格式，也就是把文件转换成 STL 三角网格面，再用 3D 打印机驱动软件对 STL 文件做切分，分成一层一层的刀路，然后控制打印机，完成一层一层的实物打印工作。

对于普通用户来说，整个过程的重点在建模部分，纵然 3D 打印能够成型十分复杂的零件，但是在具体工艺上仍然会有要求，比如，零件的最小壁厚，零件曲面的最大倾斜角度，收缩率等等。所以，要针对 3D 打印的工艺特性以及不同打印机的特点和要求进行建模，这样才能确保最终打印出满意的作品。

在北方网一款电子产品的下壳原型制作流程中，使用 3D 建模软件 Solid Works 完成三维数模创建，输出为 STL 格式，使用 Ultimaker 公司出品的 Cura 软件导入 STL 文件，进行模型的分层和切片，可以根据模型特点添加支撑结构，并对模型内部做不同形式的填充，生成打印每层材料时打印头的移动路径，输出可控制打印机的代码。最后用 3D 打印机制作出实物。

（3）制作完成。一般来讲，3D 打印技术的分辨率可以满足大多数产品制造，要获得更高分辨率的物品可以通过如下方法：先用三维打印机打出稍大一点的物体，再用减材制造工艺除去多余部分，可以得到“高分辨率”物品。

从 1984 年 Charles Hull 的第一个 3D 打印方面的专利开始. 3D 打印技术经历 30

年的发展，取得了长足的进步，发展出了很多不同的技术路线，无论是3D打印技术的实际应用还是产业链的整合以及商业模式的探索，都与具体使用哪种3D打印技术有着密切的联系，所以，有必要对各种主流技术做详细的介绍。目前，3D打印的技术路线划分其中使用较多的八种作详细介绍。

目前，3D打印技术逐渐融入人类社会诸多领域，正在应用于制造业、航空航天、生物医药、建筑行业、食品生产等领域，并且催生出许多新的产业。目前，西方发达国家认为3D打印技术、网络技术、新能源技术是推动新工业革命的核心技术，并且纷纷制定该项技术的发展战略，以便于抢占高尖端技术的制高点，提高本国国际竞争力。

2008年金融危机后，美国开始启动相关政策提升传统制造业战略地位。2010年10月，美国联邦政府发布“先进制造伙伴关系”（The Advanced Manufacturing Partnership，AMP）计划。2012年美国联邦政府提出“美国国家制造创新网络”（National Network of Manufacturing Innovation，NNMI）计划，国家总投资额为1 0亿美元。美国政府通过严格的技术评估，认为3D打印是一种革命性的先进制造业技术，能够帮助美国创造大量的工作岗位，能够通带动美国经济快速发展。根据评估结果，美国政府投资3000万美元成立了第一家国家制造业创新中心——国家增材制造创新中心（National Additive Manufacturing Innovation Institute），即3D打印技术创新中心。该中心的成立形成了国家、高校、跨国企业的科研机构以及部分社会非营利性机构的联盟，通过联盟方式鼓励和推动创新。由此可见，美国联邦政府已将3D打印提升为国家战略性新兴技术以及发展先进制造业的核心技术。目前，美国采取一系列先进制造业发展计划，增强其研发和创性能力、从而保证美国在制造业的领先地位。

2008年金融危机后，欧洲诸多国家经济受到了重创，但是德国经济并没有受到很大影响，而且实现了经济的快速发展。这是因为德国一直特别重视作为国民经济支柱产业的制造业，而且注重发展先进制造业技术和提高工业过程管理的水平。德国工业在嵌入式系统、工业自动化、网络信息化技术方面处于世界领先水平，这确保了德国在装备制造业的领先地位。目前，先进制造业和网络信息化技术融合已成为必然的趋势，因此德国政府于2011年制定了《高技术战略2020》国家战略。《高技术战略2020》包含了具有战略意义的十大未来项目，“工业4.0”作为实现网络化、分布式、个性化定制生产而名列其中。“工业4.0”概念最早出现于汉诺威工业博览会，它是由“工业4.0”小组编制的实现“第四次工业革命”的规划。3D打印能够实现智能化、个性化、社会化定制生产，因此它被纳入“工业4.0”计划，成为智能工厂的主要组成部分。根据德国“研究与创新专家委员会（EFI）”的报告，3D打印将促进制造业回归，给德国带来上百亿的工业产值。目前，该委员会正在敦促德国政府制定3D打印发展战略。

众所周知，日本的制造业处于世界领先水平，尤其是电器制造处于世界最高水平。

但是随着日本高技术产业的海外转移，其出口增长萎靡、制造业国际竞争力下降、经济发展速度放缓。2014 年，日本政府通过了《制造业白皮书》，借此发展 3D 打印、新能源、机器人等制造业尖端技术，以便于增强日本制造业水平，提升其国际竞争力。

改革开放后中国经济实现了飞速发展，已成为了“世界工厂”，但是大多数商品处于全球价值链低端，产品附加值较低。目前，中国政府详细制定了从“制造业大国”向“制造业强国”转变的一系列战略规划。2015 年两会前，工业和信息化部、国家发展和改革委员会、财政部等联合发布了《国家增材制造产业发展推进计划（2015-2016 年）》。该计划提出通过营造良好的商业环境，明确企业的主体性地位，形成产业联盟甚至创新中心，从而推动 3D 打产业健康快速地发展；并且认为 3D 打印有助于我国提升制造业水平，加速产业结构转型。计划中设定了 3D 打印技术的短期发展目标，比如，（1）重点选择 2—3 家企业，通过政策扶持提高其研发能力和国际竞争力；（2）发展材料科学研制 3D 打印专用材料；（3）提高 3D 打印设备制造能力。（4）加深该项技术在航空航天、生物医学等领域的应用，促进我国基础科学研究；（5）通过建立产业联盟、创新中心等形成完善的创新体系；（6）通过成立行业协会，研究该技术可能带来的社会风险，做到提前预防。

由此可见，3D 打印已成为了各国优先发展的战略性新兴技术，其发展状况将影响各国制造业国际竞争力甚至经济的发展。所以我国应将 3D 打印技术的发展作为强国战略的一项重点工作，通过发展该技术改变我国制造业相对落后的局面，推动从“制造业大国”向“制造业强国”的转变。

（四）3D 打印技术的应用领域

3D 打印作为“19 世纪的思想、20 世纪的技术、21 世纪的市场”，已经被应用于人类社会的诸多领域，如制造业、航空航天、生物医学、建筑及地理信息系统、电子机器人等领域，正在影响着人类的生产生活方式。

1. 制造业应用

2014 年 10 月 29 日，在芝加哥举行的国际制造技术展览会上，美国亚利桑那州的 Local Motors 汽车公司现场演示世界上第一款 3D 打印电动汽车的制造过程。这款电动汽车名为“Strati”，整个制造过程只用了 45 个小时。Strati 采用一体成型车身，最大速度可达到每小时 40 英里（约合每小时 64 千米），一次充电可行驶 120—150 英里（约合 190~ 240 千米）。目前我国沿海经济发达地区已经出现了 3D 打印服务提供商，可以根据客户个性化需求提供定制服务。而且 3D 打印技术借助网络技术，可以实现分布式生产。客户可以选择本地 3D 打印服务提供商，生产出符合自己需求的产品。虽然目前 3D 打印技术在工业制造业的应用还处于初级阶段，正如“工业 4.0”所设想，3D 打印技术的使用会逐渐改变目前的生产模式，将会使工业制造走向分布式、个性化、社会化定制生产。

2. 航空航天领域

航空航天属于高尖端领域，其所需零部件基本通过单件定制生产。对于传统制造方式，这种个性化定制生产必将提高其生产成本。而且因为产品精度要求高，所以生产周期较长；而且航空航天领域使用的原材料基本属于贵金属，传统制造方式下材料的使用率比较低，这将加大零部件生产的成本。与此同时，航空航天领域对零部件的要求是轻而强度高。3D 打印技术的技术特性决定了能够实现个性化，定制生产，能够满足单件定制而且能够缩短生产周期，而且 3D 打印技术的材料利用率能够达到 90% 以上，这将降低航空航天领域的材料成本。同时，相比于传统制造方式，能够制造出更加轻便而且高强度的零部件。2014 年 10 月 11 日，英国一个发烧友团队用 3D 打印技术制出了一枚火箭，还准备让打印出来的这个火箭升空，该团队在伦敦的办公室向媒体介绍了用 3D 打印技术制造出的世界第一架火箭。队长海恩斯说，有了 3D 打印技术，要制造出高度复杂的形状并不困难。就算要修改设计原型，只要在计算机辅助设计的软件上做出修改，打印机将会做出相应的调整。这比之前的传统制造方式方便许多。目前，美国宇航局已经使用 3D 打印技术制造火箭零件，3D 打印技术的前景是十分光明的。

3. 军工领域

2014 年，我国国防支出预算将增加 12. 2%，升至 8 082.3 亿元，这是我国国防支出预算首次突破 8 000 亿元人民币。国防开支的逐渐上升预示着军工领域可分的“蛋糕”在不断做大。实现现代化部队是我国军队建设目标之一. 3D 打印技术的应用符合提高军队设备高科技含量的要求。目前，3D 打印技术被应用于我国新一代高性能战斗机的研发中，如首款航母舰载机歼 -15、多用途战机歼 -16、第五代重型战斗机歼 -20 等。两会期间，歼 -15 总设计师孙聪透露，通过 3D 打印技术生产的钛合金和 M100 钢，已用于歼 -15 的主承力部分的制造，这包括整个前起落架。如果 3D 打印技术能够成功应用于第四代战斗机的生产制造中，那么势必会加速我国战斗机的更新换代速度。3D 打印制造军工产品所需耗材少而且损耗少等特点不仅仅可以应用于战斗机的制造，而且还能满足军工领域其他设备制造的需要。今后，3D 打印技术在该领域的应用将会大幅提升。

第二节　3D 打印模型

一、3D 打印计算机辅助设计

三维模型设计之前我们需要先了解 3D 打印计算机辅助设计技术。3D 打印计算机辅助设计的概念是利用计算机及其图形设备帮助设计人员进行设计工作的技术，简称为 CAD。计算机辅助设计的应用范围非常的广，小到纽扣和钢笔大道，汽车和飞机等等。

一个非常好能够诠释 3D 打印计算机辅助设计应用的例子，就是波音 777 飞机。他 10 万多个零件全部实现了计算机辅助设计和生产。他使用计算机进行预装配设计，使飞机的零件返工率减少了 93%。使它的装配问题减少了 55% 到 80%。开发的费用和时间减少了 50%。波音 777 整个从设计到生产，用时仅用 3 年八个月。而且一次试飞成功，这就充分说明了计算机辅助设计的优越性。

(一)3D 打印计算机辅助设计的分类

3D 打印计算机辅助设计可以分为二维的 CAD 和三维的 CAD。二维的 CAD 与传统的手工纸规绘图在思路上基本相同，只是用计算机代替了手工绘图的方式。通过二维 CAD 制图可以更加迅速地画图，并且它的一个很重要的优点是在手工绘图的时候，我们需要用一些修改工具进行修改，而利用电脑进行二维 CAD 绘图，能够更加快捷的删除和修改图纸。三维 CAD 它不只是二维 CAD 的升级，其三维造型曲面设计、参数化驱动彻底改变了设计人员的设计习惯，使设计过程与最终的产品紧密相连，大幅提高了设计速度和设计质量。他的设计思路是一种所见即所得的模式，是一种非常具有人性化的设计思路。

(二) 常见的 3D 打印支撑软件

常见的 3D 打印计算机辅助设计的软件，有二维的 CAD 常见软件有 AUTOCAD、CAXA、中望 CAD、大熊 CAD 等。他的绘制方法是绘制设计对象的三视图。三视图是通过图形的几个视角来表达出这个图形的整体样貌。使用最为频繁的二维 CAD 软件是 AUTOCAD。它是比较好用的一款，也是开发历史时间比较长的一款软件。

三维的 CAD 常用软件有 Solidworks、UG、Pro-E、CATIA 等。目前全球使用频率最高的三维 cad 软件还是 Solidworks，它相对来说比较容易上手，三维 cad 的软件的描述方式往往是通过三维模型，脑海中构思的产品通过三维效果直接呈现。

对于三维和二维的转换，很多同学学起来感觉是非常不容易的，比如我们的专业制图这门课，经常被大学生认为是一门撒手锏的课，难度很大。那么有没有一种方式能够不通过二维与三维之间的转换呢？那就是我们的计算机绘图技术。他不需要将原本的三维对象绘制成二维的图形之后再在脑海中转化成三维的一个状态，简化了复杂的过程。

（三）3D 打印三维设计过程

3D 打印三维设计软件的整体的设计过程是什么样子的呢？一般的三维设计都会包括一个基本模块。基本的模块包括三个部分。第一个就是零件建模。比如一个球阀的零件模型图，各个零件之间的模型组成了零件模型图。接下来第二步就是装配体建模，也就是装配体的构建。就是把我们的零件像搭积木一样，把他们搭在一起。这就是装配体的整个过程。那么接下来通过我们的软件将零件建模图或者是装配体建模图，通过我们的三维软件自带的设置就能够形成规范的投影工程图。这就是他的第三个模块投影工程图。这三个模块的基础就是零件建模。零件建模建好了之后，就能为后面的两个模块提供基础。所以我们要重点了解零件建模。

二、以三维软件 Solidworks 为例进行 3D 打印建模设计的方法

首先我们来了解一下 Solidworks 软件的基本功能。首先我们来了解一下 Solidworks 软件的零件建模环境。零件建模的过程，实际上就是构建许多个简单的特征，让他们之间相互叠加切割或者相交的过程。

（一）零件建模环境

一个零件的建模过程可以分为以下的几个步骤来完成，首先选取那些绘图平面，然后进入草图绘制，接着在草图绘制界面进行大致的绘制草图。为什么是大致的草图绘制呢？这也是三维 Solidworks 软件的一个优点，通过尺寸标注添加几何关系，完善草图达到你想要的草图的样式。接着我们退出草图，在草图绘制界面进行特征操作。选择你想选用的特征，进行特征操作。那么第一个特征就这样生成了。接下来继续选取绘图平面，这时的绘图平面可以是系统提供的绘图平面，也可以是上一个特征中已有的绘图平面。作为你的绘图界面，进入草图绘制，然后进行大致的草图绘制，通过这样反复的过程，我们就可以得到一系列的特征，从而最终构建出你的零件来。

接下来我们来看一下零件建模的环境。在软件中我们点新建，我们就会得到我们之前所说的零件建模的三个模块：零件、装配体和工程图。我们以零件为例，进入到零件绘制的一个模块中。建模环境中上面是工具条，左边那是设计树，设计树会包含你设计的全部过程，也就是说你所设计的每一个步骤都会在这里显现，这样你想在将来对任意一个步骤进行修改，直接在设计树中去选去改就可以了，接下来右边是画图区域，工具条重要的包括两个部分：一个是特征，特征中有一些是被激活的状态，有

一些没有被激活；另一个是草图，点进去里面提供了基本的绘图的修改的命令。

（二）3D 打印草图设计的基本知识

首先是如何进入草图环境。我们需要选择一个基准面或者是草图平面，在刚进入环境界面的时候，界面绘图区什么都没有。这时候系统会提供三个基准面。之后绘制生成特征后可以用特征中的任意一个基准面或者任意一个平面作为基准面。选择好基准面或者草图平面以后，点击草图绘制进入草图绘制界面，我们会从中发现在界面的右上角多出了两个图标。

这表示已经进入了草图绘制界面环境，当我们想要退出草图环境的时候选择右边的图标，那么我们可以退出草图环境，同时在设计树会生成我们的绘图过程。选择差选按钮，则表示退出草图且不保留草图。

进入到草图界面中，有草图绘制命令和草图编辑命令。草图绘制命令，包含了我们所有的直线曲线圆形等等基本线型。而草图编辑命令，是 cad 中不可或缺的一部分，只要通过草图的编辑命令，如修剪删除阵列镜像等才能修改草图，为草图标标注做准备。

在草图模块中还包括两个模块，一个是至尊标注，草图绘制的过程中只需要完成大致的草图绘制，接着需要尺寸标志来进行驱动。软件提供的尺寸标注智能化非常高，系统可以根据被标注对象的特点自动选择一种合适的尺寸类型，并设计出实际尺寸值，而且如果对自动标注的尺寸类型不满意，还可以进行修改，再次超出界面还提供了添加几何关系，利用添加几何关系工具，可以在超脱实体之间或者是草图实体与基准面基准周边相和顶点之间生成几何关系。

完成草图阶段之后就可以进入特征阶段，其实就是一种二维变三维的过程，特征可以分为草图特征和应用特征。草图特征，顾名思义就是有草图生成的特征，如拉伸，旋转，扫描放样，有些设计对象没有必要通过草图的特征我们可以运用应用的特征，然后利用它的边角关系就能够生成其他的一些特征，比如说给一些产品，倒圆角或者是直角，就是属于应用特征的范畴。特征的调用，只需要单击特征工具栏中被激活的特征操作按钮，它是根据系统识别系统分析所得出的草图或者你所见好的特征适用于其他哪些特征，直接点击就进入了特征编辑。

（三）三维 Solidworks 软件 3D 打印的模型设计方法

打开三维 Solidworks 软件点击新建，点击零件确认。在设计树中选择一个基准面，比如前视基准面点草图。进入到草图绘制，那么你就会发现界面的右上角会出现图标。这时我们就可以完成我们的草图绘制。草图绘制中有非常多的命令，例如直线圆等。建议大家在绘图的时候，所有的起点都以系统所给的坐标原点为起点。优越之处在于我们后期进行装配的时候，大家就会发现它的方便性。左边的鼠标点击抬起，在你想要结束的位置再次点击即可。这样就可以画出一个圆，点击确定完成图形的绘制。接着我们想画直线，我们依然是用坐标原点为起点开始绘制，结束时可以点击键盘左上角的esc键结束命令。这样我们就画出了基本的草图，接着我们可以用智能尺寸来驱动，使设计对象达到我们想要的状态，点击添加几何关系。选中想要产生几何关系的两个实体，点击相切，在设计树中点击相切完成操作。即完成了添加几何约束关系。如果你的想要的形体还需要减掉一些线条。这就需要用到草图的编辑功能，我们采用裁剪实体，最常用到的就是边角和剪切到最尽端，将对象裁剪成我们想要的形状。

除此之外还有等距实体，可以将我们现有的形状通过设置等距的距离给设计对象一个新的轮廓。草图完成以后，进入特征后已经有两个特征被激活，一个是拉伸，一个是旋转。比如我们点击旋转，我们就可以发现设计对象已经从二维形态变成了三维的造型。如果你的操作并没有完成，那么可以选择设计树中的基准面，或是你画的图中的某一个平面，点击以后进入草图绘制。通过这种方式完成设计对象的三维造型的处理。通过反复的操作，精确地完成我们想要的图形，以上就是三维 Solidworks 软件 3D 打印的模型设计的基本操作方法。

第三节　3D 打印技术原理

3D 打印技术从 20 世纪 80 年代起就开始在美国发展起来并随之推广开来。从世界范围来看，美国的 3D 打印技术的发展状况和水平基本可以代表当今世界 3D 打印技术的最高水平。我国从 20 世纪 90 年代初开始研究发展 3D 打印技术，现阶段已经逐渐开始应用在各行各业中，并发挥着极为重要的作用。

一、3D 打印技术现状

3D 打印技术是一项革命性技术，与传统的加工方式相比具有较高的优势，但在其初期由于使用的设备价格比较昂贵，人工成本也很高，所应用的领域比较窄，不能广泛地应用在人们的生活中。当单片机的控制芯片面市后拥有了较大的市场需求，较为低廉的价格受到大众的热烈欢迎，3D 打印技术是现代技术中利用计算机技术等其他先进技术运用创造起来的。该项技术的运用在国际上属于较为落后的阶段，在一些较为发达国家使用范围较为广泛。其拥有良好的发展前景，是一项与生产生活息息相关的新型技术，它将彻底的改变人们对加工制造的原有认知，实现许多过去无法完成的加工制造，随着，3D 打印材料的研究与发展，必将会推动人类社会新一轮的快速发展。

二、3D打印技术的基本原理

3D打印技术的基本原理。对于3D打印技术其建立的三维模型的方法一般有两到三种方式，其中一种是应用Blender、3Dmax、AutoCAD等直接建立起来的，第二种情况是应用Z Corp、Polhemus、3D等设备对需要打印的对象进行扫描，同时完成数据的分析整合，从而形成三维的模型。

3D打印的分层处理。在进行3D打印时，不能够直接对其进行打印，在进行打印时首先需要将三维的数字模型分层处理为二维的图形模式，先完成二维图形信息打印，同时将其分割成为具有层次的薄片，根据需要打印的材料特征来确定其厚度。

模型处理方法。三维模型成型的处理方法可以使用高能效的激光将金属液化，后进行高温定型，形成三维模式。

在进行打印完毕后，已经完成的成品会有一些毛刺等现象，运用人工进行清理，材料中的杂质灰尘，并对完成模型进行加固处理，确保其质量后，完成最后一步上色。

三、3D打印主要技术分类情况

目前的3D打印技术都是基于离散、堆积的原理，实现从无到有的过程。举个例子来说就是通过计算机技术将需要打印的三维立体构件进行水平分层，分为若干个形状不尽相同的层，然后应用3D打印机将打印材料逐层堆积，最后实现构件的打印。具体应用上，会由于使用的打印材料的不同和成型方式的不同进行具体的分类。下面就介绍一下目前已经相对成熟的3D打印技术及其分类。

熔融沉积成形技术（FDM）。该技术是以丝状的PLA，ABS等热塑性材料为打印原料，在计算机打印系统的自动控制下，经过3D打印机加工头的加热挤压，逐层进行堆积从而完成对构件的加工制造。该技术因其比较成熟，实现3D打印的效率较高，同时可以完成多种形式的打印，包括彩色的打印技术，这种打印技术会被大范围的应用。

光固化立体成形技术（SLA）。运用该项技术是指使用液态的材料逐渐累积夯实形成的一种打印技术，应用该技术进行3D打印的速度比较快，在加工制造结构相对复杂、精确度要求高的构件时，该技术具备优势，但目前能够应用的打印应用材质比较少，所产生的成本过高，不适合全面应用。

四、目前3D打印技术的主要应用介绍

从3D打印技术的发展趋势来看，3D打印技术可以广泛应用在各个领域，从发展的情况看，主要有以下几个方面的具体应用。

在对产品设计方案评审中的应用。过去对设计方案的评审大多是对平面图纸进行审核，特别的一些新产品的设计方案，由于需要专门的生产线或是对已有的生产线进行改造，因此，在通过评审之前制作样品比较困难，就算有手工模型其比例等也不够准确。应用3D打印技术后，就可以比较容易地打印出产品的实体模型，在评审过程中就可以更为直观地对产品的设计进行审核，提升审核的效率。此外，利用彩色打印还可以真实地呈现建筑外观的色彩搭配等设计展示，使得人们在评价设计和选择方案的过程中，更加直观、更加准确。

在实际的制造流程及产品组装方面的应用。采用3D打印技术，可以精准地按照规格尺寸制造零部件，并通过样本的尺寸进行比对，从而有效地运用到产品的设计、施工工艺的创新上面，同时对产品的组装方面也可以很好的应用，可以精确地打印出其组装的内部结构，降低错误率。

五、3D打印技术的优势分析

从当前3D打印技术的应用情况看，在技术层面主要具备如下几个方面的优势。

数字化制造使加工更加高效简便。运用数字化技术制造可以使加工更加高效简便，采用驱动型的机械设备进行加工，同时运用网络优势，进行实时的信息传递，可以达到多区域分散的生产模式。

应用领域广泛。3D打印技术可以广泛地应用在各个领域，例如航空航天、医疗、建筑设计等。在医疗方面有一个典型的案例，可以进行人体器官的打印，使用3D技术打印的器官具备了基本的功能，未来3D打印技术可以广泛应用到医疗的领域。

3D打印没有制约。3D打印对于其需要打印的产品特性没有具体的限制，在过去的制造行业一般受到其模具工艺等产品的限制而不能完全按照设计理念设计，一些工艺比较复杂的产品通过3D打印技术可以完全实现。

无基础创造。3D打印机在进行工作时，对生产技术几乎没有要求，可以无基础创造产品。3D打印时，对工人技术能力也没有要求，未经技能培训的普通人就能轻松操作，甚至打印一些复杂的零部件也没有问题。3D打印技术的应用领域十分广泛，尤其是在一些对产品质量要求高的领域，3D打印的技术优势显而易见，可以生产出更高质量的产品，更容易进行产品创新和改进。

规格设置更多样。3D打印技术突破了对产品规格的限制，不再局限于特定的规格大小了，无论是打印微小尺寸物体还是打印超大规模建筑物，都可以轻松实现，这为技术创新提供了更多可能。

材料浪费率低。传统打印方式的浪费率很高，一直是难以突破的瓶颈，然而3D打印技术轻松解决了这一问题。3D打印产生的废料极少，几乎没有浪费，这为生产者大大节约了成本，也减少了浪费带来的污染问题。

更宽广的色度和材料组合。3D 打印技术可以实现更多的创造创新，在色度方面，可以实现多种颜色的组合创造出新的颜色，在材料方面，也可以实现多种材料的组合，实现更多的打印需求。

3D 打印技术是一项跨时代的技术革新，有着宽广的应用范围和巨大的发展空间。随着 3D 打印技术的成熟和推广，3D 打印将在各个领域发挥它的优势，实现更多可能性，实现微小的打印精细化、实现大型打印便捷化、实现创新的高效化。3D 打印技术将颠覆许多传统行业的做法，引领它们进入新的技术时代，从根本上改变这些传统行业的运行方法，帮助它们降低成本提高效率，进而跟上时代的变革。

第二章 3D 打印技术发展

第一节 3D 打印的产品选择要素

3D 打印是制造业的代表性颠覆性技术，实现了制造从等材、减材到增材的重大转变，改变了传统制造的理念模式，具有重大价值。3D 打印以个性化定制对接海量用户，以智能制造满足更广阔市场需求，通过以绿色生产赢得可持续发展未来。用户需求是用户选择产品的第一要素，好的产品能很好地满足用户的需求。本节对用户选择 3D 打印产品的要素进行分析，深入剖析用户对 3D 打印产品的关注点，是更在于产品的外观，还是产品的功能。同时将根据市面已有的 3D 打印产品，结合用户的产品选择需求，研究 3D 打印下用户的产品选择要素的差异性，弥补了 3D 打印在用户需求要素方面的不足。

一、问卷设计与结果分析

本论文以调查问卷、访谈等形式，针对用户如何选择 3D 打印产品进行了调查研究，共展开了 3 轮问卷访谈，收到 235 份有效问卷。设计了 3 份关于 3D 打印产品选择要素的调查问卷，通过发放、回收并分析问卷结果，收集了用户对于 3D 打印不同产品的的选择要素判断，最终得出用户对不同产品的选择要素不同，但是第一选择要素均为外观。

（一）第一轮问卷结果分析

本问卷基于 126 份有效问卷对 3D 打印的产品包括颜色、外观、功能等选择要素和关注要素进行分析，探究不同用户对产品要素的感知差异。本次问卷调查对象男女比例约为 1 : 1，年龄分布在 15 ~ 25 岁之间，对于 3D 打印产品要素表达了各自的看法。问卷内容涉及配色舒适度、装饰外观美、文化结合度、功能选择等。

（1）配色舒适度。配色是否舒适往往是用户对产品的第一感知，好的配色能增加用户的好感度。统计数据表明，65% 的人认为 3D 打印的产品在配色上给人很舒适的感觉，但是 56% 的人认为 3D 打印的产品在配色上过于单调。由此可见，3D 打印的配色目前不够丰富，在未来具有一定的发展前景。

（2）装饰外观。在装饰外观的调查中，51% 的人认为 3D 打印的产品更多表现出来的是外观，大多起的是装饰的作用。可见，目前 3D 打印的应用领域较为局限，但在未来 3D 打印可能会有很好的发展前景。

（二）第二轮问卷设计与访谈结果分析

本次问卷基于 73 份有效问卷对 3D 打印产品的外观、功能、实用性等要素选择进行分析，探究用户对于不同产品选择要素差异的原因。本次问卷调查对象男女比例约为 4 : 3，大多为 25 岁以下的年轻人，内容涉及 3D 打印产品的分辨，不同产品要素选择的差异等。

（1）不同产品要素选择差异。食品：71% 的人认为 3D 打印的食品比传统的食品更为美观。认为 3D 打印的食品在外形上占据很大的优势，能突破传统制作的一些局限，打造出更美观的外形。但是 90% 的人表示不会购买 3D 打印食品，认为 3D 打印的食品在材料上不够安全，且打印出来的东西没有原本食品的味道。

工艺品：41% 的人认为 3D 打印的食品比传统的手雕好看，这些人认为 3D 打印的蛋雕外形更加多样化。而 59% 的人认为传统的手雕更好看，认为 3D 打印的蛋雕在形态上过于僵硬，没有手雕的柔软。

装饰品：68% 的人认为 3D 打印装饰品更为好看，认为它的镂空状很有设计感，单调的颜色比较符合当下的审美趋势。服饰：69% 的人认为 3D 打印服饰更为好看，认为它更有质感，整体上材料也更加柔软，让人有购买的欲望；31% 的人则认为传统生产的服饰更为好看，认为 3D 打印的服饰不太贴合实际，无法应用于日常生活中。

鞋子：49% 的人更喜欢 3D 打印鞋子，认为它看起来更加轻盈，设计上更加时尚。51% 的人认为传统生产的鞋子更好，认为它更加贴合实际，使人更有安全感。

椅子：56% 更喜欢 3D 打印的椅子，认为它的镂空形态很有设计感，比市场设计单一的椅子更让人赏心悦目。44% 的人认为传统生产椅子更好，认为 3D 打印椅子的镂空现状容易让人产生不舒适的感觉，且镂空现状多变，特别容易让人产生眩晕的错感。

（2）问卷分析总结。本次调查发现，对于偏外观和家具型产品，用户会偏向于 3D 打印生产的产品；对于实用型产品，用户更喜欢传统生产的产品；对于工业产品，用户会更偏向于 3D 打印的产品。对于不同产品，用户对于 3D 打印的辨识度不一样，且部分设计专业的人也无法进行分辨。

（三）第三轮问卷设计与结果分析

本次问卷采用图片选择的形式来判断用户的选择要素，问卷内容涉及装饰品、家具、工业品、实用品的要素选择。共收到 36 份有效问卷。问卷调查对象设计类专业与非设计类专业学生比例约为 4 : 5。

（1）装饰品。装饰品本次问卷选择的是灯具作为研究对象。设计类专业与非设计类专业两者都更加喜欢 3D 打印的装饰品，认为 3D 打印在装饰产品上具有自己的独特优势，能打印出具有特异外形的产品，能满足用户的心理需求。认为传统生产的装饰产品过于通用化，没有独特的特点存在。

（2）工业品。工业品本次问卷选择的是水龙头作为研究对象。设计类专业与非设计类专业两者都更加喜欢 3D 打印的工业品，认为无论是它的外形还是它的质感，3D 打印的工业品都更加优于传统生产的工业品。但是又有部分人认为 3D 打印的工业品镂空状太多，并没有充分考虑到在实际使用过程中便捷程度，同时对使用后期清洁增加了难度。

（3）实用品。实用品本次问卷选择的是跑鞋作为研究对象。设计类专业与非设计类专业两者都更喜欢 3D 打印的实用品，认为它的外观比传统生产看起来更舒适，认为 3D 打印的跑鞋更能发挥它的实用性。但部分人认为 3D 打印的跑鞋不如传统生产的，认为它有点脱离实际。

（四）结果分析

基于访谈以及问卷调查的结果来看，我们不难得出这样的结论：在进行 3D 打印产品选择时，最能影响用户进行选择判断的元素是产品的外观，其次是它所具有的功能。不同产品用户的选择要素不同。且部分人对于 3D 打印还不够了解，缺乏了对 3D 打印产品的认知。

二、建议

（一）产品定位

装饰品：调查问卷结果表明，人们对于装饰品的含义存在偏见，很多用户认为装饰品用来进行欣赏。随着 3D 打印的盛行，3D 打印开始逐渐进入人们的生活，而 3D 打印的成本相对于传统生产不占优势，能生产性价比高的 3D 打印装饰品将大大提高人们的购买力度。实用品：用户对于实用品的基本需求便是功能，好的功能体现更能吸引用户。一般实用品的功能都比较单一,一个实用品对应一个功能。如果能把实用品的功能进行细分并归一，同时结合当下科技技术，为用户创造领先产品则更好，为适应当下时代发展节奏，多功能性的发展是必然的。工业品：一般用户对于工业品的认知便是外形丑陋，过多注重功能性。在满足工业品功能的基础上注入装饰品的元素，促进工业品的外观美。

（二）产品创新

装饰品：从问卷调查结果来看，部分人不喜欢 3D 打印装饰品的原因是产品通过传统生产也能制造出来。因此3D打印装饰品需要从形态、质感与功能上进行创新，以满足更多用户的新的需求。实用品:大多3D打印的实用品在外观上的形态不够创新，受功能影响，外观创造的局限性很大。可以在满足功能的情况下，结合当下的潮流趋势，尽可能去进行外观上的创新，给予用户功能与外观上的多方位享受。工业品：工业品的产品在外观上过于呆板，很多产品都给人一种僵硬的感觉。给工业品注入柔软的元素，可以使用户在使用的过程中心情更为舒适，从而在一定程度上提高用户工作效率。

3D打印由于制造工艺简单，可以打印形状复杂的物件，且其打印精度很高，打印材料比传统生产更加多样化，随着三维绘图软件的不断创新与发展，3D打印技术将会影响到我们生活的方方面面。在信息发展迅速的今天，产品的快速生成与个性化定制逐渐成为大家消费的一个趋势，同时也是3D打印目前的发展前景，3D打印产品可以通过用户的个性化定制。利用3D打印产品独特的形态、材质、颜色等因素，赋予产品较高的设计感。

本节针对影响用户选择3D打印产品的要素展开了问卷调查，同时进行访谈。研究发现，外观是影响用户选择产品的最主要因素。但是在目前的分析内容中，在这方面的研究较少，将在未来的研究中进一步讨论，得出更加完善的结论。

第二节　3D打印的知识产权安全

3D打印亦称增材制造，是利用金属、塑料、聚合物以及其他材料，基于数字设计逐层实时累积，制造三维结构物体的先进制造技术。这种新兴技术在航空航天、汽车、建筑、生物医疗等领域广泛应用，并正在引领一场新的产业革命。它展现出了一幅个性化、社会化、网络化的全球智能制造蓝图，从根本上改变了全球制造业形态。3D打印技术正在突破原料、工艺、成本等方面的制约，从工业应用向大众消费品演变，逐渐改变人们生产与生活的基本方式。世界各国纷纷制定3D打印产业发展规划，试图抢占3D打印产业发展的制高点，比如美国推出了《国家制造业创新网络计划》《先进制造业伙伴计划》，欧盟实施了《3D打印标准化支持行动》《Horizon 2020》，德国提出“工业4.0”和《高技术战略2020》，日本提出“未来工厂”。我国制定“中国制造2025”计划，旨在加强制造业实力的强国战略，还专门制定了《增材制造标准领航行动计划》《增材制造产业发展行动计划》，探索3D打印产业发展新业态新模式。知识产权是引领3D打印产业发展的第一动力，保护知识产权就是保护产业安全，进而保护国家安全。本节以3D打印的知识产权安全为例，探讨知识产权安全的内涵与规制路径，对于促进3D打印产业持续健康发展，回应日益严峻的新兴技术知识产权安全形势具有更为重要意义。

一、3D 打印的知识产权与国家安全

根据内生增长理论，内生的科学技术进步是经济持续增长的决定性因素。经典的熊彼特内生增长模型刻画了“创造性毁灭”推动经济增长的机制，描述了科学技术革命与经济增长之间的量化关系。科学技术通过“破坏”旧的生产组织关系，“创造”新的生产组织关系，促进经济的发展。一般来讲，经济增长有两大源泉，其一是劳动力、资本、土地等投入要素的积累，其二是全要素生产率的提高。科技革命将影响劳动力、资本、土地等传统经济增长要素，并催生新的增长要素。同时，技术的进步以及相应的制度改革、组织管理创新，也将直接影响到全要素生产率的提高。以 3D 打印为例，这种新的制造方式对既有技能产生了颠覆性影响，直接导致部分低技能劳动力退出市场。与此同时，又增加了高技能劳动力需求，催生了新的职业，放大了劳动力的价值。2020 年 5 月，人社部就发布了 3D 打印设备操作员等 10 个新职业。另外，3D 打印将导致传统制造设备等物质资本形态的加速折旧，甚至失去作用。同时，又会引来新的资本投入，产生信息资本、数据资本等新的资本形态。3D 打印技术引领智能制造的快速发展，使数据等成为劳动力、资本、土地等传统经济增长要素之外的新的增长因素，进而引起劳动生产率和产业边际效率的提高，带来经济的持续增长。3D 打印还促进生产组织和社会分工方式更加社会化、网络化、个性化。传统依赖工厂规模经济来提高效率的生产方式遇到“天花板”，大规模定制生产和个性化定制生产成为主流制造方式，这可以通过柔性化生产、通用性资产等来实现企业内部经济效率的提高。同时，3D 打印平台中众包、共享等新的商业模式也将推动生产分散化、产业网络化、集群虚拟化，极大地促进外部范围经济效率的提升。总而言之，科学技术的进步决定着经济的持续增长，国家间的经济竞争日益体现为科学技术的竞争。

科学技术的进步主要包括科学技术创新和技术转移，前者体现为研究与开发，后者体现为技术许可、技术贸易、技术投资等，这些都与知识产权紧密相关。可以说，知识产权与科学技术进步是同一个硬币的两个面。一个国家知识产权的水平，直接体现了这个国家科学技术的发展程度。从经济学角度上来讲，知识产权实质上是科学技术和知识的商业化，保护的就是各种技术专利、版权、商业、商业秘密拥有者的利益。知识产权与经济增长之间的关系，通过科学技术进步对经济增长的贡献体现出来。在新时期，国家的经济发展对知识产权的依赖度越来越高。特别是，由于知识产权使科学技术的垄断合法化，有利于通过“卡脖子”技术钳制竞争对手，以获得竞争优势，西方国家在推动知识产权发展方面不遗余力。国家之间的知识产权之争成为贸易战、科技战的新形式，这也是国家安全的新课题。

实际上，从历史角度看，科学技术的发展也始终决定着大国的兴衰。一个具有经

济霸权的国家的衰落，战争只是最后的表现形式，最根本的还是科学技术的垄断地位被打破。对于挑战国来说，就需要改进技术。而霸权国则会千方百计防止技术的流失，并试图保持在技术上的领先地位。近代以来，在商业革命浪潮下，最早取得经济霸权地位的是意大利的城市国家威尼斯、热那亚等，他们在运送十字军东征的过程中富裕起来，并利用地域优势发展海上贸易。1104年，威尼斯人建立了造船厂，并不断改进造船技术，这使得他们在贸易中从始至终都保持着领先优势。直到15世纪末，西班牙人、葡萄牙人不断学习、吸收、改进威尼斯人的航海技术，开创了“地理大发现时代”，成为新的霸主。后来，法国人、荷兰人、英国人与西班牙和葡萄牙人的垄断进行的对抗，都是因为有了新的技术创新，涌现出纺织机、蒸汽机等一系列影响深远的发明专利。美国是当今的超级大国，它的兴起也是一个漫长的过程，欧洲大量科学技术人员向美国移民，大规模生产技术在美国逐步成型。这些都说明，科学技术和知识产权在国家兴衰过程中发挥着重要作用，可以说是国家安全的重要因素。

自“冷战”结束之后，国家间的竞争日益体现为科学技术的竞争。特别是近些年来，3D打印技术等新兴技术的知识产权问题成为国家间竞争的焦点。发达国家通过知识产权制度使技术垄断合法化、有效化、长期化，从而削弱、钳制发展中国家。而发展中国家则必须“师夷之长技以制夷”，加强新型技术的知识产权战略部署，突破发达国家的技术封锁，否则国家安全就没有保障。2018年，WTO在其举办的2030贸易会议上发布了《世界贸易的未来：数字技术如何改变全球商业》的报告，将3D打印确定为影响未来国际贸易的关键技术之一，并提出可以在现有国际知识产权法，特别是《TRIPS协议》的框架内，处理知识产权的挑战。2015年，WIPO的报告高度关注3D打印等颠覆性技术及其对知识产权的影响，并指出3D打印不仅涉及到3D打印产品，而且关系到打印过程中使用的3D打印机和软件，还必将影响到专利权、商业秘密、版权和外观设计等知识产权的保护。CPTPP、ACTA、ITA以及TISA等国际贸易协定，都为3D打印的数字贸易提供了完善的条约体系。由于发达国家在全球经济竞争中占据优势地位，对于国际规则的制定具有主导地位，制定出来的规则对于知识产权的保护标准和要求越来越严格，可能不适用发展中国家的国情，甚至有可能会损害到发展中国家的利益。

西方发达国家，尤其是美国，频频利用知识产权规则，限制我国3D打印等新兴技术的发展，危害我国产业安全。美国泛化“国家安全”的概念，对我国频繁实施“长臂管辖”，打压我国高新科技产业，遏制我国经济发展。2017年8月，美国以中国损害其知识产权、创新和技术发展为由，启动301调查（基于《美国1974年贸易法》第301条款），对我国做出四个方面指控：强制性技术转让、歧视性的技术许可要求、策略性的海外投资并购和不正当的获取商业秘密。中国知识产权法律制度快速发展，已经基本达到TRIPS等国际规则的保护水平，但美国又转向利用“337调查”（基于《美国关税法》第 337 条款）对中国出口美国的产品展开调查，封锁我国高新技术企业的发展。美国发动的对华贸易战，表面上冠以“贸易战”“关税战”的名称，实际上核心就是“技术战”“知识产权战”。从更深层次讲，就是旧的霸主国家，针对后发的挑战者，发动的维持其霸权的行动。

二、3D 打印知识产权安全的体系结构

2020 年 11 月，习近平总书记在中央政治局第二十五次集体学习时的重要讲话中提出“知识产权保护工作关系国家安全”，并深入阐述了“维护知识产权领域国家安全”的具体要求，包括“知识产权对外转让要坚持总体国家安全观”“加强事关国家安全的关键核心技术的自主研发和保护”“完善知识产权反垄断、公平竞争相关法律法规和政策措施”“推进我国知识产权有关法律规定域外适用”“形成高效的国际知识产权风险预警和应急”等内容，这些都为我们认识知识产权安全的体系结构提供了根本遵循。总体国家安全观是一个开放的体系，知识产权安全是其中的一个子领域。知识产权安全与经济安全、科技安全等都紧密相关，但也具有其独立性。在知识经济时代，知识产权成为国家之间竞争的关键因素，对于一个国家的经济安全、科技安全、文化安全等领域的安全和利益都具有重要影响。与总统国家安全观的形成和发展脉络一致，国家间竞争范式从传统军事向经济、科技等领域的转变，促使知识产权成为国家安全的重要组成部分。知识产权安全是指知识产权各环节相对处于没有内部危险、不受到外部威胁和不影响其他领域安全风险的状态，以及保障持续安全状态的能力。知识产权安全不仅包括来自外部因素带来的安全威胁，比如美国的“卡脖子”策略；还包括了内部因素带来的安全问题，比如反垄断法律制度不健全造成的安全风险；以及知识产权问题传达给其他领域的安全风险，比如国防科技中关键技术的安全。因此，3D 打印知识产权安全的体系框架包括 3D 打印知识产权的内部安全、3D 打印知识产权的外部安全和 3D 打印知识产权的衍生安全。

（一）3D 打印知识产权的内部安全

在总体国家安全观视域下，3D 打印知识产权的内部安全主要是指我国 3D 打印知识产权自身发展的脆弱性。这种脆弱性的因素是内部的，包括诸多方面，比如我国 3D 打印技术关键核心专利的缺失、3D 打印知识产权布局的不均衡、3D 打印知识产权的垄断和不正当竞争、3D 打印技术秘密的泄露、3D 打印知识产权保护力度不足等。我国 3D 打印技术发展起步较早，但早期发展较慢，2001 年至 2007 年的专利量都在 100 项以下。2008 年至 2014 年开始发力，2015 年至 2018 年进步很大，从 676 项增长到 1713 项，年均增长率达 43.8%。这些专利绝大多数来自高校，中科院、西安交通大学、华中科技大学、浙江大学、华南理工大学排名持有量前五，而 3D 打印企业相对创新

力不足，适应市场需求的能力有待提高。

此外，3D 打印知识产权的保护也存在较多风险。专利通过互联网提供 3D 打印 CAD 文档的行为容易诱发他人利用 3D 打印机制造有专利权的产品，通过网络提供 3D 打印 CAD 文档的行为还可能会构成引诱型间接侵权。同之前发生的数字音乐盗版情况类似，借助互联网的传播优势，3D 可打印文档在各网络平台极易访问获取，给著作权人也带来巨大的损失，这对于著作权制度也是一个严重的挑战。3D 打印技术也可能引发商标法上的风险，主要是由于 CAD 文档在数字环境下可以无限创建带有商标的载体的副本，并通过互联网强大的分发能力扩大侵权影响。由于通过 3D 扫描可以实现精确的反向工程，特别是随着廉价金属合金 3D 打印机的发展，3D 打印将轻松泄露包括机械零件等在内的有形产品的商业秘密。

（二）3D 打印知识产权的外部安全

在总体国家安全观视域下，3D 打印知识产权的外部安全主要是指我国 3D 打印知识产权受到的来自外部国家的威胁。这些威胁方式主要包括 3D 打印专利封锁、3D 打印专利陷阱、非法获取我国 3D 打印知识产权、滥用 3D 打印知识产权、3D 打印知识产权域外保护不足、强迫转让 3D 打印知识产权、歧视原则、长臂管辖等。根据 Derwent Innovation Indexz 专利数据库信息统计分析可知，全球 1156 项竞争性 3D 打印专利隶属国家高度集中，美国、世界知识产权组织、德国、中国、韩国等国家专利机构占 97%。从国内外专利申请人对比情况看，国外企业几乎垄断了增韧材料、谱系数向量、树脂材料、复杂几何形状等领域。特别是美国，在光学、特殊机械和半导体等 3D 打印的应用领域具有垄断地位。虽然我国在 3D 打印技术上取得了极大的发展，但依旧要面临激烈的国际竞争态势。需要通过专利导航、专利布局、专利许可等方式，规避国外企业的专利封锁和专利陷阱。还要注意防范外国政府采取“斩首”战略，通过制裁、外资并购、知识产权诉讼、关键零部件断供以及行政命令等手段，打垮我国在 3D 打印知识产权上具有龙头地位的领先企业。2021 年，美国参议院表决通过了《2021 年战略竞争法案》，根据其中的“侵犯知识产权人名单”，不经过司法程序就可以直接对我国企业进行制裁。

（三）3D 打印知识产权的衍生安全

3D 打印是一种工具性的制造技术，伴随 3D 打印机的普及、3D 打印材料种类的增加以及 3D 打印 CAD 模型日益增长的可及性，3D 打印生产模式逐渐渗透到人们生活的各个方面。其中，3D 打印枪支、管制刀具、食品、药品、医疗器械、人体器官等产品数量的增加尤为突出，相应带来的一系列国家安全问题。3D 打印的知识产权安全与国家安全的其他领域都有着紧密地联系，因此 3D 打印的知识产权安全还会衍生到其他领域。2013 年 11 月，美国著名智库新美国安全中心发布了报告《游戏规则改变者：

颠覆性技术与美国国防战略》，将3D打印列为5项可能改变军事游戏规则的技术之一，并指出：3D打印将显著改变武器装备的制造流程，可能从根本上影响武器制造工业基础，甚至会对战争形态和作战样式产生颠覆性变化。未经国家安全审查，披露有关涉及国防科技的3D打印技术创新信息或者转让有关知识产权，都会对国防安全造成严重损害。航空航天越来越依赖3D打印技术，它在打印复杂零部件方面具有独特优势，不仅可以打印任意形状的零部件，还可以起到减轻重量的效果。3D打印还可以大幅降低核电装备的制造难度，对于核安全来说，这是一项颠覆性技术。如果3D打印核心关键技术的知识产权均掌握在外国企业手中，对于我国航空航天安全和核安全都会造成极大的威胁。

3D打印的广泛应用会造成劳动力需求的下降，意味着普遍的制造业工人的失业。与传统技术导致的周期性失业现象不同，3D打印技术引发的是无法恢复结构性失业风险。因为3D打印技术深入影响了人类的生产方式，依赖重复性劳动的劳动密集型产业将逐渐消失。特别是3D打印与人工智能的融合发展，将使越来越多的岗位消失，对于经济的影响是巨大。另外，3D打印用户呈现出小、弱、散的特点，还有很多是小作坊，在网上下载3D打印CAD模型并制造成本低廉的日常用品，其中的产品缺陷可能会损害人身财产安全。P2P复制曾经让出版行业遭遇重创，3D打印正在经历类似的事情，几乎所有的实体制造业都将面临Napster式的威胁。3D打印引发了大规模间接侵权行为，违法犯罪分子为用户提供3D打印CAD模型、原材料、设备等中间物，教唆、帮助、引诱用户实施侵权行为，导致大量假冒伪劣产品流入市场，从而影响扰乱经济秩序。

三、3D打印知识产权安全的属性

要明确3D打印知识产权安全的属性，必须先弄清楚知识产权安全在国家安全体系中的定位。习近平总书记提出的总体国家安全观是一个全面的、系统的、发展的国家安全观，其核心要义在于“总体”二字。“总体”意味着全面性，不仅是包括了政治安全、军事安全、国土安全等传统国家安全内容，还将非传统国家安全观重视的社会安全、经济安全、文化安全、科技安全等内容置于国家安全大格局之中。“总体”还意味着系统性，国家安全的各个子领域不是割裂的，而是紧密联系的，必须把各个子领域的安全问题放在一个有机整体中去系统谋划、整体推进，统筹好安全与发展的关系，实现多重目标的协调。最后，“总体”还意味着发展性，国家安全的内涵不是静态的，而是随着社会的发展不断与时俱进，在实践中不断丰富。目前还没有固定的国家安全体系框架，各个国家安全的子领域之间存在重叠和交叉。

习近平总书记在2014年4月首次提出总体国家安全观的概念时，谈到了11个国家安全的子领域，之后又在不同场合增加补充了一些。总体来讲，这些子领域不是在同一个层次，政治安全、国土安全、军事安全、经济安全、文化安全、社会安全、科技安全、信息安全、生态安全、资源安全等属于第一级层次的安全，而知识产权安全与核安全、生物安全、网络安全等一样，都是属于第二级层次的安全。知识产权安全是处于军事安全、经济安全、文化安全、科技安全等第一级层次安全之下的次级安全，其中与经济安全和科技安全的联系最为紧密。创新是国家经济发展的第一动力，而保护知识产权就是保护创新，知识产权已经成为国家的核心竞争力。知识产权既是保障经济安全的重要手段，也是促进经济发展的重要方式。同样，知识产权是保护科技安全的主要途径，也是激励科技创新、推动了新一轮科技研发投入的重要机制。

具体到3D打印领域来讲，由于其独有的技术特征，3D打印知识产权安全又具有鲜明的特点。3D打印具有三个特征：一是个性化制造，在3D打印环境下，生产者与消费者的身份发生了混同，消费者成为生产的中心，能够支配生产资料，自由、独立地进行生产，不受制于工厂和专业人员。3D打印个性化制造环境下的利益关系与传统制造模式明显不同，因此，3D打印知识产权的利益主体存在多元性，其利益诉求各不相同。在追求国家安全时，需要统筹安全与发展的关系，不能将经营者利益、用户利益置于政府收益的对立面，忽略了相关利益主体对于国家安全的最具原动力的贡献。二是社会化制造，通过众创、众包、众筹等方式，世界各地的不同制造规模和制造能力的3D打印经营者成为社会化制造的一个部分，通过合作共同满足3D打印用户的制造需求。3D打印是一个生产工具领域的技术革命，它是一种制造的方法，渗透到社会的各个领域。因此，3D打印知识产权安全的问题必须从系统思维上进行考量，就像人体的血液，在身体的全域流动，任何一个器官的病变都将会造成血液的异常，但是任何一个器官都无法控制全部的血液，必须将其作为一个整体来进行考虑。三是网络化制造，基于网络平台，3D打印技术将传统的工厂进行了分解，3D打印经营者与用户交换创意、共享信息、整合资源，生产体系呈现网络化状态。在网络化制造中，生产和销售行为都很分散，经营者和用户的流动性大，3D打印知识产权安全问题存在分散性，还可能出现跨国境、跨地域的问题，因此，有赖于从技术层面进行提前干预。

具体而言，首先，3D打印知识产权安全具有多元性。3D打印知识产权的利益主体存在多元性，这就导致了3D打印知识产权安全的风险来源比其他国家安全问题更加多元化。有些风险来自于外国政府，有些风险来自于企业，甚至还有些风险来自于为数众多的个体。比如，3D打印知识产权就可能存在规模性侵权，侵权者是广泛的网络用户。正是由于安全威胁来源的多元性，3D打印知识产权安全的规制也依赖于政府和私人主体之间的合作。其次，3D打印知识产权安全具有衍生性。由于3D打印是一种制造方式，它与社会生产和生活的各个领域紧密相关，因此，3D打印知识产权的风险会衍生到国家安全的其他领域。在军事安全领域，3D打印知识产权可能影响到高尖端的国防科技。在经济领域，如果3D打印核心技术被“卡脖子”，我国的智能制造产业可能会受到严重损害。相似的，科技安全、文化安全都可能会因为3D打印知识产权而受到冲击。最后，3D打印知识产权安全具有权利性。归根到底，知识产权是一种法定权利，其授予与剥夺都必须经过法定程序，因此，3D打印知识产权安全问题主要依靠法律途径解决。不能泛化“国家安全”的概念，公权过度干预私权的行使。国家之间的知识产权纠纷，也应该尽量用法律方式解决。

四、3D打印知识产权安全问题的规制路径

知识产权虽然属于私权，但当其涉及国家安全时，理应纳入社会性规制的范畴。学界一般认为，规制是国家为了实现公共利益、矫正市场失灵，对市场经济实施的介入、管理和监管。根据规制对象不同，规制又分为经济性规制和社会性规制，前者是针对垄断、不正当竞争、信息不对称等导致的资源配置低效问题，实施的限制进入与退出、价格控制等措施；后者则是针对安全、健康、环境等问题，国家对社会经济主体的干预。国家安全是最高的安全利益，属于社会性规制的范畴。特别是在3D打印产业中，市场经济主体众多，跨国跨境的知识产权流动频繁，特别容易出现为了市场利益而忽视国家安全的问题，社会性规制的介入非常必要。高效、良好的社会性规制，有赖于国家、社会和市场之间的合理分权。知识产权安全属于公共事务，国家承担最终担保义务，但并不意味着国家要搞垄断管辖，社会组织和私人主体也同样要履行保护国家安全的责任。政府规制与自我规制的结合，是现代国家“善治”的最佳体现。在国家公权力与社会公权力的初次分配之下，政府规制权还需要进行二次分配，包括行政规制和司法控制。行政规制是行政机关直接干预市场经济，而司法控制则是通过立法和司法，对市场经济主体的权利义务进行事前配置和事后调整。目前我国学术界更多的是在国内法律制度的语境下，探讨社会性规制。而新时期，3D打印知识产权安全问题早已超越了本土因素的限制，个性化、社会化、网络化的3D打印特征带来了一些“全球悖论”，在知识产权安全领域，任何一个国家都无法与世隔绝、独善其身。这就需要引入全球规制，不同国家的政府、社会组织和私人主体形成规制网络，通过国际规则和准则、规制国际合作、分析信息和规制资源等，实现合作的安全、共同的安全和可持续的安全。总之，3D打印的知识产权安全问题的规制路径可以包括行政规制、司法控制、自我规制和全球规制。

(一)3D打印知识产权安全的行政规制

如果说信息不对称是造成市场失灵的主要原因，那么这一问题在3D打印知识产权安全领域则显得尤为突出。尼尔逊等学者将商品分为搜寻品、经验品和信用品，搜寻品是通过事先搜寻就可以获取其信息的商品，经验品在使用之后才能了解其信息，

而信用品则是在使用之后仍旧无法知悉其信息，极其容易造成信息不对称。从是否涉及国家安全问题的角度审视，知识产权也是一种信用品，由于专业性极强，很难判断其是否危害国家安全。因此，行政机关承担着矫正市场失灵，保护3D打印知识产权安全的重要责任。

3D打印知识产权安全既是一个安全问题，也是一个发展问题，需要将两者统筹起来，实现安全与发展的平衡。在3D打印知识产权的申请、转让等过程中，都需要加入安全审查程序。但是过于严格的安全标准、过于繁杂的审查程序，也会影响到3D打印企业创新的积极性。特别是，3D打印企业往往规模都较小，甚至有很多是个体户，难以承担高昂的规制成本。当前，我国3D打印发展正处于赶超期，是与西方发达国家的差距相对较小的产业。在全球3D打印知识产权垄断格局尚未完全形成的形势下，还需要提供科学的规制政策和宽松的创新环境，增强3D打印产业创新动力，实现3D打印知识产权在局部的突破，促进智能制造和网络经济的繁荣发展。

（二）3D打印知识产权安全的司法控制

知识产权具有私权属性，运用司法控制的手段来规制3D打印知识产权安全问题是最重要的规制方式之一。司法介入社会性规制是司法能动的重要体现，实际上也是规制权力有效分配的一种方式，抑制司法作用和司法不作为都不妥当。19世纪末以来，独立规制机构在全球迅速发展，它兼具行政权、准立法权和司法权。从法律层面讲，应当在知识产权的私法规则中嵌入有关国家安全审查的条款，明确公权力介入私权的原则和通道，形成完整的知识产权安全法律治理体系。在3D打印知识产权安全的社会学规制中，仅仅依靠公法是远远不够的，还必须使私法发挥出最大限度的作用。比如，对于危害国家安全的知识产权，无论是何人都可以提起私人诉讼，确认该专利无效。

如果美国实施“长臂管辖”，对我国3D打印产业进行“301调查”“337调查”，或者我国3D打印企业在海外遭遇恶意知识产权诉讼，危害我国3D打印知识产权安全，可以通过司法控制手段进行反制。当前，我国出台了《反外国制裁法》，为依法反制外国歧视性措施提供了有力的法律保障，但具体的知识产权上的反制措施规则还比较少，仅有《对外贸易法》第7条作了原则性规定，且限于传统的“两反一保”，力度和效果都不够好。在贸易保护主义抬头的今天，有必要借鉴美国的立法经验，完善知识产权领域的国家安全审查制度和实体清单制度。在国际贸易中进行国家安全审查并相应采取限制措施，这也是WTO规则许可的通用做法。

（三）3D打印知识产权安全的自我规制

构建企业知识产权安全合规制度是3D打印的知识产权安全的自我规制的重要方式。企业合规，简单来说就是企业要“合乎规定”，包括遵守法律法规、国际条约、商业行为规范和商业理论，以及公司章程等自身制定的公司制度。对于3D打印知识产权安全的企业合规来讲，首要的是完善知识产权安全法律法规，明确企业知识产权安全责任义务，包括3D打印产品的出口、CAD文档等数据的跨境流动、3D打印核心技术的转让、3D打印企业投资并购等领域的知识产权安全责任。知识产权是企业的核心竞争力，知识产权安全合规机制的引入，可以帮助企业完善公司治理结构，减小企业因为知识产权竞争力不足产生的市场经营风险、因危害国家安全受到的行政处罚和刑事处罚风险以及相应的声誉和商业机会的减损。企业合规的模式主要有两种，即“日常性合规管理模式”和“合规整改模式”，前者是企业为防范潜在的风险，开展的常态化合规管理体系建设；后者是企业在面临行政执法调查、刑事追诉或者国际组织制裁的情况下，进行的问题整改和制度完善。无论是哪种模式，都需要行政机关、司法机关建立压力机制和激励机制，促进企业自发完善风险防控体系。

另外，由3D打印行业组织建立知识产权安全风险预警和应急机制，也是3D打印的知识产权安全的自我规制的重要方式。由于美国等国家对3D打印关键核心技术的封锁，我国在光学、特殊机械、特殊材料和半导体等领域的知识产权安全风险突出，必须建立3D打印产业的知识产权安全风险预警和应急机制，通过专利导航、专利布局、专利许可等方式，规避国外企业的专利封锁和专利陷阱。与此同时，鉴于我国3D打印企业普遍规模较小，在遇到海外知识产权诉讼时大多不敢出国应诉，应当以产业联盟的方式，整合资源和信息，设立知识产权基金，积极组织出国应诉维权，共同应对海外知识产权诉讼风险。

（四）3D打印知识产权安全的全球规制

3D打印是个性化、社会化、网络化的全球制造，国际化程度很高。因此，3D打印知识产权安全的规制无法脱离国际社会。个别西方国家贸易保护主义盛行，但经济全球化是任何逆流都无法阻挡的时代潮流，必须要坚持基于“人类命运共同体”的国际知识产权安全观，在充分沟通协商基础上，为3D打印制定各方普遍接受的国际知识产权安全规则，为3D打印产业发展营造开放、公正、非歧视的知识产权保护环境。我国应当积极主动参与国际知识产权规则的制定，不能沦为国际规则和技术标准的被动接受者，尽量使规则更加适应我国技术发展的实际水平。但是同时也要适应国际规则的发展趋势，推动规制改革、技术创新和产业升级。3D打印知识产权安全的全球规制包括正式的政府间组织的规制，非正式的跨政府组织网络的规制，国际NGO的规制以及政府与私人主体的合作规制。在全球规制体系中，国际组织、政府机关、行业协会、企业、专家、个人用户等组成了全球性的规制网络，共享资源、相互学习、合作交流，共同形成各方所普遍接受的全球规制方略。规制者与被规制者处于同一平台，围绕议程设定、规则制定、监督处罚、政策评价等进行互动，解决规制资源配置问题，并协调促进规制的遵守。

知识产权安全是国家安全的重要子领域。以3D打印技术为例，探讨知识产权安全的发展历程、体系结构、内涵属性和规制路径，不仅深化了总体国家安全权在知识产权领域的理论发展，对于智能制造、大数据、通信技术等其他新兴技术的知识产权安全的研究与规制具有重要借鉴意义。3D打印知识产权安全的体系框架包括3D打印知识产权的内部安全、3D打印知识产权的外部安全和3D打印知识产权的衍生安全。3D打印知识产权安全具有多元性、衍生性和权利性。3D打印的知识产权安全问题的规制路径可以包括行政规制、司法控制、自我规制和全球规制。本节对3D打印知识产权安全问题的讨论是碎片化的，还需要从总体国家安全观的角度进行深入的理论和实践探索。尤其是需要统筹安全与发展，统筹公法规制与私法规制，统筹内部安全和外部安全。

第三节　3D打印技术及应用趋势

3D打印技术又称为“增材制造”技术，它是以数字模型为基础的一种快速成型技术，3D打印技术在很多领域都有广泛应用，如工程建筑、汽车、导航、教育等。近些年来，我国3D打印技术发展逐渐成熟。2020年5月5日，我国一艘搭载着3D打印机的运载火箭长征五号成功发射，这也是世界上首例在太空中进行3D打印技术实验的案例，标志着我国在此领域已经位于世界前列。3D打印技术发展前景广阔，许多国家都在进行这方面的开发和实验，由此可见，3D打印技术在未来的发展已形成不可阻挡的趋势。

一、3D打印技术目前存在的主要问题

（一）3D打印材料单一

3D打印技术有一个很重要的制约因素是材料问题，材料单一性让3D打印技术只能在某些特定环节内使用，抑或投入到尖端市场，由于其技术使用的高额支出更是制约了其发展空间，而面向大众的中低端市场则选择使用工厂流水线式生产。因为材料的单一从某种方面阻止了3D打印技术的广泛应用，无法进一步展示出3D打印技术其开发和利用价值，让其看起来只是模具化生产模式的进一步开发和转型。目前用于3D打印技术的主要材料有塑料、橡胶和金属等，其中3D打印技术对金属的要求比较迫切，急需在金属领域有突破性进展来打破这个材料单一、消耗量大的局面。

（二）3D打印的价格不稳定，优势不明显

3D打印技术的主要原理是通过大数据进行计算建模，直接设计出所需物件图示，

然后将材料加工立体呈现出来，因其利用现代高科学技术，在材料加工为实际物体过程中存在误差极小，在进行精密零件制造时具有无法替代的优势。3D 打印技术在单件小批量或个性化设计等方面的制造价格与传统制造的价格相差无几，其生产效率却是传统制造的几倍。但在一些特殊领域或大批量生产等方面，成本又相对较高，总体呈现出价格不稳定的问题。因此在某些方面，3D 打印技术还不能完全取代传统生产，这也导致 3D 打印的价格不稳定，其价格优势不能完全表现出来。在传统工业制造中，制作工艺是使用模具统一生产加工，在机械设备使用过程中不可避免地会出现零件损坏和设备零件老化等问题，而单独开模所或重新购置机械设备需要花费大量资金。3D 打印技术则没有这样的问题，其操作便利，随时可以打印不同的模型，模型主要由电脑数字化构建，建模成本较低，而且在独特性强的物品生产中也展现出价格优势，有利于赢取市场的位置。

（三）3D 打印操作技术要求高

3D 打印技术需要借助数字模拟技术进行生产制造，因此，操作技术对操作者的要求较高，需要用户自身具备一定程度的专业知识或专业技术才能正常投入生产。对于普通用户来说，特别是首次接触 3D 打印技术的用户，操作难度较大，因为他们往往很难理解操作原理。此外，3D 打印技术涉及知识面较广，操作人员需要具备较深厚的知识基础，尤其是涉及大数据技术、数字建模技术和 3D 打印设备使用等多种技术，从业人员需要对多个领域的知识都有所涉猎。针对这种情况，加快培育具备较强理论知识的 3D 打印专业性人才是重中之重，只有这样才能为未来 3D 打印技术的快速发展做出铺垫。

（四）3D 打印机型号较少，产品型号缺少统一标准

据报道，目前一共只有 6 种可以进行多种材料打印的 3D 打印机，分别是 FDM，SLA，3DP，SLS，LOM，PCM。由于目前 3D 打印技术尚处于发展阶段，所制造的快速成型零件的质量和精度不能达到直接使用的标准，产品型号缺少统一标准，只能作为原型使用，最终还是离不开传统制造。

（五）3D 打印产品数字化模型受到知识产权保护

使用 3D 打印技术的很多都是现代化艺术品制造业，其取胜关键不是生产规模，而是取决于产品创意，所以对知识产权的原创性要求较高，在创意性产品方面容易面临盗版威胁，会出现模仿者过多，市场产品雷同的状况。同时也对知识产权的管理提出了要求，这是传统制造行业所不会出现的新问题。

二、3D 打印技术的应用领域与发展趋势

(一)3D 打印技术的应用领域

目前，3D 打印技术应用最广泛的领域是电子行业，在汽车、航空航天、商品机器这些领域也呈现逐渐增长的趋势。2019 年，中国 3D 打印设备产业规模达 70 亿元，相比 2018 年增长了 28.3%。3D 打印技术产业规模的迅速增长，标志着 3D 打印技术已经成为拉动我国经济增长的重要因素之一。目前，美国仍然是 3D 打印设备安装的第一大国，其次是日本，虽然我国 3D 打印技术产业增长速度很快，但是与美国和日本相比依旧有较大差距。由此可见，3D 打印技术在我国拥有较为宽泛的发展空间。

例如，在航空领域，3D 打印除了在航空发动机制造上得到广泛应用之外，在解决航空发动机维修的零部件采购以及提升航空维修部门再制造能力和战场应急抢修过程中也发挥着越来越重要的作用。在大数据的背景下，工作人员可以通过使用精密仪器对损坏部位进行精准定位，及时检测到破损部位，并利用 3D 打印技术打印出匹配的修复材料，提高维修的精确性，减少人员的工作量，大幅度提高航空维修的效率。航空发动机长期处于高温高压的环境下，零部件极易发生严重磨损，这在很大程度上影响了航空发动机的维修周期以及维修成本。采用 3D 打印技术制作发动机零部件，可以有效解决航空发动机维修所需备件的采购难题，让航空发动机维修企业快速提高航空设备零部件的制造能力和供给能力。对于小批量需求的航空发动机维修企业来说，3D 打印可以有效节约制造成本，缩短维修周期，提高航空发动机维修中零部件再制造能力。在大数据背景下，应用 3D 打印技术，可以实现数据的共享和及时保修。随着 3D 打印技术与大数据的深度结合，未来的航空发动机维修过程将呈现自动化发展的趋势。

(二)3D 打印技术未来发展重点

1. 简化生产过程

3D 打印技术的“增材制造”可以很大程度简化产品的制造过程，缩短产品制造周期，提高生产效率，降低生产成本。但是随着时间、效率、成本的不断优化，也很容易导致产品出现质量问题。提高打印成品的质量，可以让 3D 打印技术在更多领域得到应用，占据较大的市场份额，这是 3D 打印技术在未来主要的发展方向。同时，发展还需要解决的重点问题包括模型产权维护、3D 打印机设备研发、降低打印价格、优化操作技术、减少材料消耗等，需要在这些方面寻找突破口。

2. 提升材料使用率

相比于传统生产方式，3D 打印技术在生产环节能大幅减少生产材料的消耗。传统生产方式常使用车间生产或者流水线式生产，为了避免模具生产出现误差造成产品检

测不达标，在生产环节会出现大量被机械切割的“边角料”，材料利用率不高。即使可以对边角料进行回收重熔再投入生产，回收过程也会增大企业生产成本。3D 打印技术是直接通过数字建模将材料转化成为物体的技术，这种生产方式具有高精密度、高精简度的特点，能确保所有材料在产品生产中精准使用，材料使用效率高，能从生产环节上大大节省成本，从而增大企业利润，尤其是需要使用稀有材料方面，优势更为突出，因此 3D 打印技术在高附加值和高精度产品加工生产上有着不可取代的优势。

3. 结合 BIM 技术模拟建筑展示效果

目前，BIM 技术被广泛运用于工程项目管理。BIM 技术相比于传统设计图纸模式，能在可视化上做出进一步扩展，通过 3D 数据建模可以直观地展示出建筑的整体构造，甚至在装修行业也能直接展示预装修效果。BIM 技术最大的特征是其整体性、优化性和仿真性，而 BIM 技术与 3D 打印技术同样需要运用数字建模技术。工程单位需要进行房屋预设时，往往不能较为直观地让客户感受到成品效果。将 BIM 技术和 3D 打印技术结合，可以直接将 BIM 建模中的信息直接导入 3D 打印设备，通过 3D 打印技术将数据化的建模实体化，让企业和客户能直观感受到预期生产效果，从而提出针对性修改或建设方案，提升交易成功率。

综上所述，3D 打印技术在许多方面都有广泛的应用，发展空间广阔。同时也存在一些缺陷，因而，相关人员需要围绕材料供应、产品研发、技术应用、提效降本等方面进行重点开发与研究，让 3D 打印技术为社会各行各业的发展做出更多贡献，为人们的日常生活提供更大的便利。

第四节 高效 3D 打印技术的发展

目前，3D 打印技术已经取得了很大的突破，该技术秉承的是一种“增材制造”的理念，这种理念起源于美国，在提出后不久就得到了人们的肯定和发扬。3D 打印技术在美国发展最为迅速，从 1988 年美国制造出第一台打印机之后，3D 打印机时代也正式拉开了序幕，其他国家紧随其后也在不断完善这项技术。到了 1992 年，3D 打印技术掀起了一股发展热潮，与此同时，国内也开始了对于 3D 打印技术的研究，并取得了相应的成果。

一、3D 打印技术的发展概述

相较于以往的技术，3D 打印技术更加倾向于立体的加工，在传统工艺的基础上不断发展，由点及面、由面及体。首先 3D 打印技术对传统的工艺进行了提升，实现了形状上的改进，提高了结构性能，在此基础上3D打印技术又进一步的发展，可兼容的材料越来越多，材料兼容性加强也就意味着制造和打印能力得到了强化。

（一）多材料多色3D打印技术概述

多色3D打印技术，顾名思义就是占据着色彩的优势，在应用于实践时可以发挥色彩的最大优势，这种多色打印技术可以在兼容了多种材料之后用最短的时间和最简洁的方法实现最大程度的直观效果。

2007年Object Geomatqies公司发明了可以兼容多种颜色树脂的打印机，这种打印机在医疗行业和消费服务行业都得到了广泛的应用，深受大众的喜爱，这种打印机的核心技术就是Polyject技术，Polyject技术在兼容了更多材料之后可以打印出更多的图形，同时在材料的选择上还增加了透明度的选择，实现更加立体的打印效果。这种打印设备称作Object500 Connex3，利用阵列式喷头将树脂喷化成型，这种技术类似于multijet printing MJP技术，这种技术主要应用在Project 5500X 3D打印机类型上，主要的工作原理是通过调节材料配比实现渐变的效果，通过渐变视觉效果的引入实现3D视觉感受。

随后，Z Corporation也推出了ZPrinter系列的机型，主要采用的是colorjet.printing CJP技术，这种技术是通过5种固定颜色的针头搭配实现几十万种颜色的构造。

传统DFM技术设计的目的是为了用更少的成本、更短的时间内实现更好的工作效果，目前，3D技术的广泛应用已经使产品外形制造变得愈发容易，无论是外观还是精致程度都上了一个台阶，从整体上看更加协调，从细节上看也更加精确，这些都是传统CAD技术难以准确落实的。因为CAD技术主要是从材料入手，制作成需要的模型，首先，单材料的使用必然会导致模型产出之后颜色单一，没有层次感；其次，材料的单一需求也会让一种材料供应紧张。人们在CAD优化的过程中也提出了边界和构造两个方面的概念，侧重突出所打印物体的外貌特征和实际需求，这种技术主导尽管一定程度上精确化了打印模型的外在，但是却限制了打印模型的空间，只能实现见到形状的打印。

为了更好地促进打印行业的发展，美国在不断地研究过程中提出了很多理念，以丰富打印的能力。提高打印的效果，其中较为出名的就是AMF模式和XML模式，在AMF中，A指的是additive，M指的是manufacturing，F指的是format，在XML中X指的是extensible，M指的是markup，L指的是language是增材制造文件格式和基于可扩展标记语言格式，这2种模式的提出让打印的精确度更高，效率和质量都有所提升，除此之外，还在原有的基础上进一步完善和升级，引进了更多的高级理念，能力更强，让3D打印机器使用更加方便、快捷、高效。

（二）功能梯度材料的 3D 打印机

DFAM 和 DFM 不同，前者倾向于将模型设计得更加完善，无论是从表象还是从结构，抑或者是对性能和材料做出最佳的选择，让模型无论是生产还是从配搭上都极为简单方便，产品综合性能相对更强也更具有实用性，无论是成本、时间和传统的方法相比都有很大的提升空间。

（三）多尺度 3D 打印工艺

3D 打印技术无论从宏观方面还是从微观方面的能力都有明显提高，因为这项技术是从一维到三维，从细节构建整体的一项技术，也就是说这一项技术有着很大的尺度伸缩性，这也就决定了这项技术的应用范围相对宽泛，例如生物器官构造、金属定向结晶等都有所涉及。随着这项技术的飞速发展和应用，也逐渐可以控制过程中的能量，包括气温、物质元素等，Max Planck 研究所的 Wanke 曾经利用这项技术来分析研究光子，掌握了控制光学性能的结构方法，Sercombe 也通过研究这项技术找出了改进组织性能方法、提高产品质量和精确度的技巧，除了国外的科学家有所涉猎以外，我国的科学家也在不断研究和分析这项技术的特性，通过研究发现，这项技术可以控制温度，应用于金属成型阶段的制造中，实现更加精准地分析，进而达到减小误差的目的。由此可见，这项技术的尺度伸缩性极强，可以给很多领域带来帮助，让很多工程的开展可以更加精确有效。

今年的金樽奖大师班以“新西兰，何止长相思”展开探讨学习。大师班选用的 10 款新西兰葡萄酒均由 David Allen 大师亲自挑选，从声名远扬的马尔堡长相思、马丁堡黑皮诺，再到梅洛，甚至晚收甜酒、波特酒等，全面展现出个性新西兰的独特魅力。去年作为酒商代表参加金樽奖大师班时，David 对主宾国风土的讲解让我印象颇深，更重要的是联系他所结合的行业数据分析，也让我在往后的葡萄酒销售中掌握了不少话术技巧。而今年作为《葡萄酒》杂志的一员参与跟 David 对接大师班的细节，更是了解到举办这样一场大师班，整个团队所需要付出的努力有多少。

二、3D 打印技术的实现方法

（一）面向 3D 打印的产品设计

应用 SPSS 22.0 统计学软件进行数据分析，计量资料以表示，组间比较采用独立样本 t 检验，计数资料采用 $\chi 2$ 检验，$P<0.05$ 表示差异有统计学意义。

人们在不断地研究过程中丰富和完善打印技术，逐渐出现了 LOM 技术的 Mcor IRIS 和利用 FDM 技术的 ProDsk3D 类型的机器，不断完善多彩 3D 打印技术。

要想提高所打印模型的质量，让打印的物品更贴合于实际的需求，保障所打印出来的模型信息更加适合在模型构建之前的信息要求，需要在模型打印之前首先学会构建出准确的样品，在样品中综合体现所有信息的需求和实际模样，在此基础之上合理地分析各个环节的数据，保证数据能够精确有效，然后再进行打印，但是这种方式存在着局限性，在实践的过程中可能会因为没有支持AMF完全发挥，导致在信息获取上存在困难。

（二）多色、材料、尺度工艺结构的打印实现

传统的模型制作已经不能适用于现阶段色彩结构要求较高的市场了，必须做出相对应地改进和提升以适应时代的需求，最新的AMF技术可以很好地实现这一需求，提高了轮廓的精确度，完成人们需求的产品。

想要更好地提高打印的技术、颜色、材料的能力和效果，相关研究人员经过反复的琢磨和探究总结出了阵列式喷头要比激光或者电子束式打印机精确度更好，因此阵列式喷头的打印机也受到了越来越多人的竞相追捧，想要更好地落实3D打印效果，就需要明确打印机的具体工作模式，现阶段在3D打印机工作过程中数据占据着非常重要的地位，而数据主要分为3D数据、2D数据和1D数据，从点到线、由线及面、由面构体，层层递进实现3D打印效果，因此，想要更好地落实打印需求，就需要精确各方面的数据，从细节入手来最大地保证数据的准确有效，此外还需要强化运动指令、光栅指令等，让打印技术更符合要求。

3D打印技术出现至今已经取得了很大的发展，也为人们的工作带来了更大的便捷，现在的打印机无论是准确度、色彩丰富度还是有效性，甚至生产产品的质量都得到了很大的提升，未来，该项技术仍会不断地提升和发展，朝着更加多样、更加智能、更加精准的方向发展，以实现更高质量产品的输出。

第三章　3D 打印技术分类

第一节　陶瓷 3D 打印技术

美存在于世间万物，陶瓷 3D 打印技术自然也存在着美。本人将陶瓷 3D 打印技术总结为三中美一：过程美；二成品美；三：材质美。通过三个方面的论述来探讨陶瓷 3D 打印机的美。

一、过程美

传统的陶瓷制作过程需要经过练泥、印坯、拉坯、利坯、刻花施釉、烧窑等各种步骤制作，制作一个成品最长需要经过好几个月的时间。陶瓷 3D 打印机的操作则更加便捷。陶瓷 3D 打印机的浆料挤出成形工艺在制作物体的过程中，首先需要用软件建模，然后用切片软件进行切片，最后再由 3D 打印机将陶瓷原料通过设备挤压入喷头，喷头再沿着零件的截面轮廓和填充轨迹运动，与周围的材料粘粘，这样就制作完成。整个过程体现出了无限的美感。

（一）作为审美对象所体现的美

审美对象又叫作审美客体。只要能够引发人的审美感受，并且客体与主体构成审美关系，这样的客体就叫作审美对象。一旦有了审美对象就产生了美，美的概念很大，从许多方面都可以感受到不同的美，而技术美就是美的一个分支。技术美首先是体现在陶瓷 3D 打印中的技术方面，在制作作品时候挤出喷嘴在成型平台上喷射出陶瓷膏体时连续的缓慢移动，这样的制作过程正可以体现出 3D 打印机最核心的技术部分。浆料挤出工艺。而在制作物体缓慢被制作出来的时候所体现的技术中所带有的最原始的劳动中的节奏的美、韵律的美正侧面的反映出了 3D 打印机的技术美。

这种最原始的，最纯净的劳动美体现在了机器上也并没有让人从感官上感受到生硬，反而从侧面使人感受到人类智慧的伟大。工具的诞生使得人们局限于生物自身的能力得以扩大。但是同时工具的诞生又反映了人类智慧的无限性，人类自身可以制造出超越人类自身的物品来达到人类遥不可及的地方。这样强烈的技术美感正凝结在陶瓷3D打印机中。

（二）3D打印机自身计算机语言所带来的美

3D打印机在成型前需要经过犀牛、3D MAX等软件来建模，然后再进行切片处理，导入3D打印机中，再进行制作。这些制作方式正体现了3D打印机所特有的计算机语言所带来的科学美。这种高效、快捷、精准等特性都建立在电脑编程的基础上，而现代技术的美感是建立在科学上的。3D打印机所体现的技术美也是建立在科学的基础上的。叶朗指出，科学美主要是一种形式美，还有数学美，是一种理智美。建立在科学美的基础上的3D打印机的技术也是一种理智的美，是一种顿悟出理性的感性情感的美。

电脑等智能机器是由亿万个符号组成的，而这种符号正是通过排列组合成一种计算机语言来交流的。计算机语言又称C语言，通常指人与机器之间进行信息转换的系统。当我们在进行一项操作的时候，看似只是按了一个小小的图标，其实却是输入了一串C语言。这种语言看似神秘莫测，其实仔细一看会发现具有一定的规律。C语言正体现了强烈的数学美和理性美。带给我们强烈的理智感，正是这一串串的符号给我们带来许多以前所没有的技术美。

（三）美的情感因素

3D打印机所体现的美的究极情感因素归结为东方禅意思想中就是最高级别的美——“圆”。

世界上四大美的模式分别是：中国模式、西方模式、伊斯兰模式、印度模式。而这四大模式都是以圆为美。“圆”的含义归结为根本的统一、返归于中心点。这和3D打印机的制作过程中挤出喷嘴在挤出陶瓷浆料时候的上下左右的移动相似。挤出喷嘴先向下移动到成型平台然后开始移动绘制需制作物体的一层，绘制完成后向上收起再重新向下开始挤出另一层。

这一切就像是一个“圆”，从绘制的起点走过一段路程后又达到了最初的起点。这样周而复始以致无穷。虽然是在行走，却又转眼间回到了起点好似从未走过，到底是走过了还是未曾走过。这与荣格的东方美学意蕴相吻合、与东方的禅宗美学思想相吻合。与“心”“物”相“圆”相吻合，在3D打印机挤出喷嘴的轮回的移动过程中，我们能获得瞬刻即永恒的直觉体验。

3D打印机的技术美正是体现了这样的东方美学“禅意”。

二、成品美

陶瓷3D打印技术的美的另一个方面是成品中体现的美，陶瓷3D打印机可以制造出预先设计的图案并且不带有丝毫的偏差，而且可以批量制作也不会产生偏差。传统的陶瓷批量生产除了高压注浆以外，传统的注浆和翻模都会有一定程度的偏差，模具中水分含量的多与少都是决定成品厚度的重要因素，而陶瓷 3D 打印技术就可以完美避开这种偏差值，做到理论意义上的完美，并且陶瓷 3D 打印机可以制造薄壁、多孔、异形等复杂的结构。这样充满着秩序，充满着精准和无暇。正是陶瓷 3D 打印机给我们带来的美。

（一）形式美

陶瓷 3D 打印机的成品通常结构规整、造型则是根据客户需求来进行定制，所以陶瓷 3D 打印机的成品本身就存在许多未知的可能性，但是他们有一个已知的特点，就是在未打磨的情况下成品会产生一圈圈的痕迹，陶瓷 3D 打印机为逐层叠加制造，浆料喷嘴在喷射半流体陶瓷材料的时候，浆料丝呈现圆形的横切面，这样就难以使两层结合处结合的完美，这是 3D 打印机自身技术的局限，但是同时也能成为 3D 打印机自身的形式美。

不论是打印什么物体，都会有细微的一层层的痕迹留在所打印的成品上，与陶瓷 3D 打印机自身可以打印出无偏差值成品的特点成正比，不完美与完美的结合，理论意义上的完美与现实意义上自身技术局限的不完美的结合，形成了陶瓷 3D 打印机强烈的形式美感，这种形式美感是由技术所带来的美感。是数的美，是知识的美。

每一件陶瓷 3D 打印机打印出来的物体，在使用同一个 3D 模型和喷嘴出丝顺利的情况下，它们的长、宽、高以及他们每一层一圈圈的痕迹的间隔都是相同的。正是这种无差别的，精准的制造技术，体现了无差别的美，充满了秩序的形式感。这一切也都是建立在技术的基础上的，正是拥有这样的技术，才能体现出这种技术的美。

（二）结构美

陶瓷 3D 打印机可以无限构造薄壁、异形、多孔等复杂的结构。这些结构都是之前手工难以企及的。以前的手工作物需要制作这样的器物，首先需要泥工拥有超高的陶瓷技术，熟悉的了解所使用的泥的特性，才能制作出这样的器物。拉坯的泥工需要练就十几年甚至几十年，雕塑的泥工也如此。但是陶瓷 3D 打印机可以快速地制作一些复杂的陶瓷外观，甚至是复杂的内部都可以制作，超越了人类现有的手工陶瓷技术水平，超越了手工的稚拙，并且制作出来的陶瓷 3D 打印成品变形率低，需要的直线和弧线都预先设定好，特别容易减少曲线不曲或过曲等这种技术上的失误。

这种技术体现了一种未来的高科技美。并且成品所做出来的物体非常的标准，能达到手工所不能达到的困难程度。陶瓷 3D 打印机并不是单纯的科技产物，它能制造出许多艺术品或者近似于艺术品的实用物品，但是陶瓷 3D 打印机同时也并不是纯艺术的。当把科学技术和艺术相结合考虑才能窥探出陶瓷 3D 打印机所打印的成品结构的美感。这种精确的、适当的、复杂的美。看似只是一个泥条，却承受这支撑结构的作用。这是力的美，是技术的美，是技术与艺术所结合的美。

（三）功能美

陶瓷 3D 打印机所打印出来的成品有一个最大的特点就是功能性。陶瓷 3D 打印机是大机械化生产下的产物，所打印的产品大部分都具有使用功能。3D 打印机所体现的技术美其中包含着功能美。由于技术所带来的功能所体现的美感，不仅仅是在使用 3D 打印机时会带来的美感，同时在观看 3D 打印机外观的同时也能在内心深处感受到使用 3D 打印机时所带来的功能的美感。

在当代，技术与科学有着密不可分的关系。科学离不开技术，技术也离不开科学。这也就形成了科学技术这样的词汇。但是不论是现代科学技术还是手工技术都有着相同的目的和美。科学技术改变了人们的生活方式，不论是惠及世界发电技术、互联网技术还是融入生活的电热水器等家电制造技术，都改变了人们对于美的认知，无论是直接或者是间接，每个人都能感受到技术所带来的美。

三、材质美

陶瓷 3D 打印技术的美的最后一个方面是材质中体现的美，3D 打印机的主流材料有：工程塑料（如 ABS、PLA 等）光敏树脂、生物医用高分子材料此外还有钛合金、陶瓷和石膏。陶瓷可谓是无机材料之母。不仅仅是在生活中日用品、观赏品，在航空航天、计算机等都有许多的应用。具有高强度、低密度等特点，并且陶瓷化学稳定性好，精确度也非常高。

（一）传统陶瓷材料体现的美

陶瓷材料为黏土，类属于无机类非金属材料，陶瓷 3D 打印机所使用的材料归根结底还是属于陶瓷的范畴内，所以陶瓷 3D 打印机所使用的新型陶瓷材料具备原有的旧陶瓷材料的一些特性。诸如高硬度、高熔点等。

可塑性原料在景德镇制陶工艺生产中沿用较多，起到结合和塑化的作用，是陶瓷成型的关键。可塑性原料包括高岭土、瓷土、膨润土等。并且黏土本身就属于永久性黏合剂的一种，所以很少会添加其他的黏合剂来增加黏性。并且由于不同陶瓷产地黏土本身的配比不同，所以各个地区使用的黏土都具有各自不同的特性。

传统陶瓷材料分为瓷土和陶土，瓷土是一种天然硅酸铝，烧成温度在一千三百度左右，非常的耐高温，并且硬度非常高，不容易变形，而且抗氧化率非常高，在陶瓷上绘画釉料烧成后难以脱色，并且高岭土非常的洁白，美丽异常。当下陶瓷技术非常成熟，在传统古代仅仅只用黏土制作的前提下，加入了许多新的元素，这些陶瓷的不断发展都为 3D 打印陶瓷材料提供了强有力的前提。

（二）3D打印陶瓷材料体现的美

陶瓷3D打印机所用的陶瓷材料已经不仅仅古时候所用的黏土、长石、石英等传统材料，而是研发了新型材料，这种新材料所体现的新技术所带来的科技的美感、技术的美感，是传统陶瓷材料所没有具备的。

3D打印机所使用的陶瓷粉末是加入了某种黏合剂制成的。并且这种黏合剂熔点较低，在进行3D打印的激光烧结环节的时候可以率先比陶瓷粉末融化，从而使陶瓷粉末粘接在一起。并且这样可以有效地降低陶瓷浆料的黏度，提高陶瓷材料的加工性能。奥地利的一家3D打印公司Lithoz就开发了最新型的3D打印机CeraFab 7500。材料包括有氧化锆、氧化铝等。

3D打印陶瓷材料作为现代技术下的产物，实现了人类的原始手工艺与现代科技的结合，用科技的方式展现延续和传承千年的制陶瓷技术。陶瓷一直是中国人民生活中不可或缺的材料。技术的发展一开始是为了人们的生活便利，但是当社会不断地迅速发展，技术已经不再单纯具有功利性，功利性推动着技术的发展，但功利性并不直接导致技术美的产生。技术的发展，使人们深深地感受到技术所带的不一样的审美体验。并不仅仅只有陶瓷3D打印机的客户才能感受到它所带来的技术美，使用者、操作者也一样可以感受到它带来的技术美。3D打印机所使用的陶瓷打印材料更接近于胶凝材料，传统陶瓷在打印的时候由于黏土本身的黏附力还不够，很容易堵塞喷嘴，必须增强泥浆流动性才能够更好地使用。常使用的黏结剂有树脂、糊精、淀粉等高分子物质。由于这些黏结剂熔点低，易挥发，对陶瓷本身并没有明显的影响。

虽然现在3D打印陶瓷材料还有许多技术上的局限，诸如由于强度有限，容易坍塌，但是3D打印陶瓷材料的成就是巨大的，这就标志着人类迈向了新的时代，这是科学的美，是技术所带来的美。

正应为有了这样的技术，才能够使我们看到了更多的，更无限的可能性。这并不是偶然的，每一个观看到3D打印机，了解到它如何创新陶瓷材料时候，都会深深地被它的精确、它的理性、它的流动的美所折服。增加了黏土的粘黏性和流动性，使古老的配方得以传承创新，做出更多更美丽的形状，这一切都是技术所带来的。3D打印机陶瓷材料正体现了这种理性的、精确的、数学的美。几百年甚至几千年前由于不懂原材料的成分，不懂得一系列的化学反应，，烧制陶瓷有许多的运气成分。都是古人依靠着一辈辈的经验总结出来的。但是自从技术的发展，制瓷工艺不再需要走更多的弯路，精确地工艺手段是技术所带来的。而技术带来的不仅仅是这些，还带来了新的美感。这样的美是伟大的。它凝聚了许许多多科研学者和设计师的心血，发现新的规律供后人使用。这样的美是静谧的，使我们静下心才能去体会它的美。技术的美是潜移默化的，犹如水流，默默地滋润天地。3D打印陶瓷材料的美是理智的，是数的美。

总而言之，3D 打印机所体现的美不仅仅是科技的、是理智的、是秩序的、是韵律的、是静谧的、是禅意的等等。虽然它千变万化存在于每个人的心中，但是它们都有一个共同点，它们都是在技术的基础上所产生的美。当下科技发展所推动的日常生活审美化正在潜移默化的融入我们的生活，了解 3D 打印机的技术美，让我们更好地去体会设计师内心对于未来世界幻想的真，去了解科研学者对于无私奉献世界的善、去用心感受科学技术所带来的美。

第二节　金属 3D 打印技术

3D 打印技术是一种将建立的三维数字化模型通过切片软件进行路径规划，再使用粉末、线材、液体等材料逐层堆积完成三维实体模型制造的技术。作为对传统加工方式的补充，3D 打印技术的主要特点是无须开模、材料利用率高，并且可以制造传统加工方式难以加工的复杂结构件，因此在航空航天、工业制造、医学教育等众多领域得到广泛应用。

金属 3D 打印技术成型工艺最为丰富、市场化应用最多的有粉末床熔融技术（VBF）和定向能量沉积技术（DED）。其中，粉末床熔融技术代表工艺有选择性激光烧结（SLS）、选择性激光熔融（SLM）和电子束熔融（EBM），定向能量沉积技术代表工艺有激光净成型技术（LENS）。另外，还有原子扩散 3D 打印技术（ADAM）、纳米颗粒喷射（NPJ）、大面积光刻（DiAM）等一些新兴的金属 3D 打印技术不断涌现。本节主要详细介绍这些相关的金属 3D 打印技术的基本原理、特点以及发展趋势。

一、金属 3D 打印技术

（一）选择性激光烧结（SLS）

选择性激光烧结（SLS）属于粉末床熔融技术的一种。打印开始前，先将粉末全部预热至低于烧结点的某一温度，然后用铺粉滚筒将粉末均匀地分布和散布，以形成一个水平、均匀的表面，完全覆盖整个打印区域。接着将聚焦的激光束精确地对准粉末层，并扫描零件的横截面。降低打印平台，并重复该过程，直到烧结所有层。该技术所采用的原材料粉末多为混合物，即在激光照射下，只有一部分低熔点的金属熔化，会作为黏合剂将未熔化的金属粉末黏结在一起。显而易见，我们只需要考虑让作为黏合剂的金属熔化，这使得 SLS 的材料选择广泛，打印成本也更低。另外，SLS 还具有一个突出特点是没有被激光烧结的粉末可以作为支撑，因此不需要打印额外支撑材料。即便如此，SLS 也有着不可忽视的一些缺点，像零件疏松多孔、致密度低，表面粗糙度较大，力学性能不足等。这使得 SLS 工艺在工业应用甚至高端装备领域的应用受到一定限制。

（二）选择性激光熔融（SLM）

选择性激光熔融（SLM）也属于粉末床熔融技术的一种，是在 SLS 基础上发展起来的金属 3D 打印技术。它的成型原理与 SLS 极为相似，不同点在于，SLM 的激光温度较高，会完全熔化所有金属粉末成型。因此，在 SLM 整个打印过程中需要在惰性气体保护的腔体中进行，来避免金属发生氧化。这给 SLM 带了更好的成型性能，相比 SLS 制造的金属零件的致密度更高，力学性能更好，尺寸精度更高、表面粗糙度也更高，这也是 SLM 应用相比 SLS 更为广泛的原因。但同时，正是由于热影响产生的作用，打印悬空结构时，最好设计有支撑结构。因此，导致 SLM 工艺参数复杂、制造速度偏低，尤其是面对需要大量支撑结构的复杂零件，SLM 的打印成本、时长会明显提高。

（三）电子束熔融（EBM）

电子束熔融（EBM）与 SLS、SLM 类似，不同之处在于，EBM 是采用高能量、高速度的电子束熔化金属粉末层或金属丝。电子束由一组电磁线圈控制，这些线圈精确地将电子束指向需要熔化的区域，电子束在融化粉末时选择性地移动，使得金属粉末融合在一起。由于 EBM 采用电子束加热，产生的温度较高，因此多用于打印钛、铬钴合金。另外，相对于激光束熔化金属粉末来说，EBM 可以通过高能电子束本身的特性很好地创造一个真空环境，不用专门设置用于隔离材料粉末与外部空气的环境，这也使得 EBM 打印的零件密度高、强度高，变形风险低。

（四）激光近净成型技术（LENS）

激光近净成型技术（LENS）是在激光熔覆技术的基础上结合选择性激光烧结技术发展起来的一种金属 3D 打印技术。该技术由激光系统、粉末输送系统与惰性气体保护系统组成。与 SLS 相似的是，激光系统也是加热元件，但是区别在于 LENS 是对金属基体进行加热熔化。同时，粉末输送系统会将金属粉末从喷嘴喷射到熔池中，快速凝固沉积，反复堆叠直到零件成型。惰性气体保护系统可以在金属熔池区域隔绝外部空气，避免熔池金属发生氧化。由于 LENS 的熔池区域远大于粉末床熔融技术、激光系统运动自由度更高、可以中途换粉，虽然牺牲了零件成型的精度，但也极大地提高了成型效率。这使得 LENS 在一些内腔复杂、结构悬臂的金属零件的成型技术上有着独特优势，同时还可以对复杂零件和模具进行修复，甚至可以制造出化学成分不同的功能梯度材料。

（五）原子扩散 3D 打印技术（ADAM）

原子扩散 3D 打印技术在堆积成型过程中的原理，与挤出成型工艺的熔融沉积 3D

打印技术几乎安全一致。只不过该技术采用的原材料不是熔融沉积用的塑料、热塑性树脂，而是钛、铝、铁等金属材料。Mark forged公司推出的Matel X金属3D打印机是这一技术的典型代表，技术方案是将金属粉末、蜡、树脂按照一定比例制成线材，树脂起到黏合剂的作用，使得该线材可用于熔融沉积的金属线材。线材经过3D打印喷嘴后，材料中的树脂和蜡达到熔融温度从而转变为熔融态，从而在打印平台上堆积成零件。制成的零件由金属粉末、树脂、蜡组成，此时金属粉末间只是靠树脂的黏合力连接，因此整个零件的力学性能十分受限。接下来是原子扩散3D打印技术至关重要的一步——“烧结”，就是将零件中的金属粉末紧密黏结在一起。将零件放入清洗机中，用有机溶剂去除零件中的一部分黏合剂成分，再将零件在高温熔炉中烧结，其中黏合剂全部去除，金属粉末在烧结过程中会发生原子扩散，最终形成相当致密的纯金属零件。由于黏合剂材料的去除，烧结前后的零件尺寸存在明显差异，因此ADAM技术需要在设计时就考虑尺寸缩减的影响并进行补偿。

（六）纳米颗粒喷射技术（NPJ）

以色列Xjet公司在“2016年法兰克福国际精密成形及3D打印制造展览会”上，展示了首创的可喷射纳米颗粒材料的金属3D打印系统。该技术原理是先产生包含金属纳米颗粒的“油墨”，“油墨”中的液体介质其实是一个载体，Xjet公司提供的其中一种材料就是碳化钨WC/钴Co打印“油墨”混合物，钴溶解在油墨中以有机钴化物的形式存在。打印机再将这些“油墨”以每秒上千滴的速度喷射在系统的托盘上，堆积形成零件。特别值得注意的是，其喷射头在多次经过的相同区域，每次经过都给出微小的偏移，每个喷嘴在多个细微差异的区域喷射打印材料。因此，纳米颗粒喷射技术能制造出具有极高的细节层次和表面光洁度的高质量产品。在完成打印后，“油墨”组合零件成型部分工作完成，还需要通过烧结进一步提升零件力学性能。“油墨”毛坯将在封闭的真空和高温环境下进行加热，在这个过程中，极高的温度可使包覆在纳米颗粒周围的液体蒸发，再以接近于材料熔点的温度进行液相烧结，产生的效果与传统的金属零件制造方法的冶金学原理一样。烧结后的零件强度可以达到切削刀具所需要的强度和硬度。虽然Xjet公司创造性的金属3D打印技术效果显著，尤其是在精度与复杂度、零件性能方面有着突出优势，但是因为其材料受限、费用较高方面的问题，暂时难以在市场上进行商业应用推广。

（七）大面积光刻技术（DiAM）

大面积光刻技术是由美国LLNL国家实验室提出的一种效率极高的金属3D打印技术。该技术使用多路复合器，激光二极管和Q开关激光脉冲来选择性熔化每层金属粉末。首先将零件的三维模型进行二维切片，形成每一层的激光扫描图像。激光随后闪烁一次即可打印整层金属粉末，这也是该技术区别于传统激光扫描成型技术SLS、

SLM的主要特点。显而易见，大面积光刻可以显著提高金属3D打印的制造效率。另外，DiAM工艺通过投影图像中微调灰度梯度的能力，意味着能更好地控制残余应力和材料微观结构，这或许将颠覆粉末床选择性激光熔融技术。

二、金属3D打印技术的发展趋势

（一）效率和质量的平衡

3D打印技术一个突出的矛盾点就是效率与质量的共生问题。对于每一项金属3D打印技术来说，如果一味提高效率，那么质量问题就无法避免，反之亦然。以SLM技术为例，加工参数、粉末质量、激光扫描策略、光斑大小等一系列条件均与成型效率和零件的质量息息相关。如果提高粉末颗粒尺寸、单层厚度增加、扫描速度加快，无疑会提高成型效率，但是随之而来的是零件表面粗糙、残余应力、致密度等因素会影响零件质量。在优化成型工艺及设备方面需要不断探索，使得效率和质量达到一个完美的平衡点，甚至共同改进，这样3D打印技术有望在更多行业领域实现产品制造全覆盖。

（二）打印材料的成熟制备

金属3D打印技术虽然在逐渐丰富，但是最大的制约因素无疑是材料问题。即使对于SLM、EBM这些较为成熟的3D打印技术来说，存在着诸多困难。包括一些难熔金属和高导热、高反射金属，在激光选区熔融过程中，吸收率低、成型困难、质量难以控制。即便是已经成熟应用的材料，也存在材料制备困难、价格高昂的难题。因此，降低原材料制备成本、拓展材料体系是目前金属3D打印技术的发展焦点。

（三）基于3D打印技术的设计方法

3D打印技术抛不开产品设计，因为3D打印的突出特点就是让“制造引领设计”改为“功能引领设计”。以创成式设计、拓扑优化等设计方法为主导，基于3D打印制造的产品有了更多可能性，像中空夹层、镂空点阵、异性拓扑优化、一体化等结构都给产品设计注入了新的活力，这使得产品减重、减零件数量等设计都变为可操作的。但目前基于3D打印技术的计算机辅助设计（CAD）软件并没有完全成熟，在未来融合人工智能、虚拟现实、机器学习等新兴技术后，会将设计变得更加智能，进一步降低设计门槛。

与广泛研究的减材制造工艺相比，新兴的金属3D打印技术具有更多可能性，但是也面临着诸多挑战。金属3D打印技术如果能在材料、工艺、设备、设计各方面取得突破，将极大地改变各领域的产品设计以及制造，推动生产方式的进步。

第三节　非金属3D打印技术

3D打印是制造业领域正在迅猛发展的一项技术，被称为“具有工业革命意义的制造技术”，它是以数字模型文件为基础，运用液态树脂、粉末状金属或者塑料等可黏合材料，通过逐层累加打印的方式来制备物品。

医疗是3D打印的一个重要应用领域，3D打印技术提供了有效的个性化医疗和护理解决方案，显示了其巨大潜力。目前，在医疗领域广泛使用的3D打印包括定制假牙、手术导板和医疗解剖模型、矫形和康复辅具、人造髋关节和膝关节植入物以及医疗器械和药物配方等。3D打印技术的一个用途是制作模型，以便于医生或外科医生准备、规划或优化复杂的医疗手术操作或可更为直观地观察到身体器官，模型主要应用于手术训练、医患沟通、教学等。

项目组在利用光固化立体成型技术（SLA）、熔融沉积成型技术（FDM）、面曝光技术（DLP）及其材料在打印医用产品过程中，发现在打印产品、后处理、应用以及材料的使用、保存等过程中，存在模型变形、开裂、失效等问题。项目组将对上述存在的问题进行研究分析，为后期应用提供参考。

一、FDM及其主要丝材

FDM是3D打印技术应用中最广泛的快速成型技术之一。FDM技术工艺原理通过高温喷嘴熔融并挤出塑料线材，线材在平台或者已加工产品上堆积、冷却、固化，逐层累加得到实体。加热喷头在计算机的控制下，根据CAD确定的工件截面轮廓信息，沿XY水平面运动。一层截面成型后工作台下降一个层厚，再进行下一层沉积，如此循环往复，直至形成整个实体造型。

FDM中丝材有聚乳酸（PLA）、丙烯腈-丁二烯-苯乙烯（ABS）、聚碳酸酯（PC）、聚丙烯（PP）、聚氨酯（TPU）、聚醚醚酮（PEEK）、聚醚酰亚胺树脂（ULTEM 9085）等。其中最为常用的材料是PLA、ABS。医学3D打印研究中，FDM打印件大多应用于医学模型、辅具等。

二、FDM及其产品应用局限性

通过FDM设备打印制备医疗模型，发现产品及其材料存在以下问题。

打印完整成型件，需要添加支撑（加工完毕后，支撑材料必须去除），由此耗费丝材；同时影响打印件表面精度；为提高模型表面精度，需要在模型表面喷涂油漆以及喷特定抛光液。抛光液浸泡不当，导致薄壁类模型产生变形。

打印过程中，打印参数设置不当或者丝材质量不好时容易造成打印头堵塞，打印故障，打印件开裂，翘曲变形。PLA 丝材制备模型较脆，不耐高温（60℃以上，模型变形）。

ABS 丝材制备模型，ABS 打印品具有强度高、韧性好、耐冲击等优点，然而其成型件收缩率较高，耐磨性与表面质量一般，ABS 材料熔体黏度较高，流动性差。产品可能会含有双酚 A(一种工业化学品，可能会导致癌症或心脏问题，对于婴儿还可能导致脑部损伤)，双酚 A 可能会通过口部进入人体，对人体造成伤害；ABS 材料会产生较大刺激性气味，打印时需注意换气通风；ABS 材料有吸湿倾向，由此造成的材料失效（存储时需注意）；ABS 材料耐热性差，紫外线会使其变色；ABS 材料耐候性差，不适合打印长时间服务于户外的模型。

FDM 设备使用一段时间容易堵头，在一段时间不用以后，开始打印时需检测；常备耗材（胶水、防粘胶带）；丝材质量参差不齐，常常一卷丝材中存在断口（丝材损耗较大）。

研究发现在制备模型时，原始模型、打印参数设置、模型摆放位置、后处理等显得尤为重要。丝材消耗大，打印产品时大多需要添加支撑，后期需要去除支撑，这样比较麻烦；其中个别模型支撑用材量达到模型件材料量的 50% 以上；PLA 打印产品高温易变形，打印中开裂、翘曲；ABS 易受潮失效，容易变色（紫外），可能产生双酚 A，不适长时间使用；当前医学模型以 PLA 丝材打印为主。

三、SLA 及其光敏树脂

SLA 技术发展时间最长，工艺最成熟，应用最广泛。用一定波长（355 nm）与强度的激光聚焦到光敏树脂表面，使之由点到线，由线到面顺序凝固，完成一个层面的固化，然后升降台在垂直方向移动一个层片的高度，再固化另一个层面。这样层层叠加构成一个三维实体。成型速度较快，系统工作稳定。具有高度柔性。精度很高，可以做到微米级别，比如 0.025 mm；表面质量好，比较光滑，适合做精细零件。

SLA 技术基于成型速度快，扫描速度可达到 6 ~ 20m/s，精度高的特点，广泛应用于医疗（医疗模型、导板）、人体工程、文物保护等行业，特别是新产品的设计验证和模拟样品的试制。项目组利用 3D SLA 设备打印医学模型、手术导板、齿科模型等，应用于临床医学方面。

四、SLA 及其产品局限性

研究发现，SLA 设备使用维护成本高，光敏树脂材料相对单一，可能刺激皮肤和接触吸入，引起人体不适，操作人员使用需穿戴防护。打印件需去除支撑，光敏材料种类有限，打印件的强度、刚度及其耐热性有限，成型件拉伸强度在 30 ~ 90 MPa，韧性较差，SLA 成型件力学性能（韧性、强度）较计算机数字控制机床（CNC）成型件差。且不利于长时间保存，可能由于光敏树脂中阻聚剂含酚羟基，酚羟基容易被空气中的氧气氧化，长时间光照产品会发黄；为了避免变色，表面可喷涂油漆处理。打印过程，出现产品孔洞、杂质等，打印尺寸较大的模型时，模型固化收缩，容易造成产品应力集中或形变，使成型件出现翘曲、裂纹、开裂等现象。在打印过程中，有研究表明，零件拉伸强度与拉伸断裂能随着铺层方向角度的增大而呈增长趋势。通过研究发现，成型件的支撑角度以及切片层厚、后处理工艺等因素对 SLA 成型件的精度和力学性能有一定的影响。

五、DLP 及其光敏树脂

DLP 3D 打印技术的基本原理是数字光源以面光（波长 395 ~ 405 nm）的形式在液态光敏树脂表面进行层层投影、层层固化成型。

DLP 技术具有超高精度、表面光滑，除了局部支撑几乎不需要打磨处理。材质好，纹路清晰，凸显细节。极具质感的视觉效果，制作速度快，可使用材料多，满足各种性能需求。

六、DLP 及其产品局限性

研究发现，光敏树脂原料可引起皮肤过敏，吸入或者长时间接触，引起人体不适，操作人员使用需穿戴防护。一般而言光敏材料有限，打印件的强度、刚度及其耐热性有限，材料拉伸强度 44 ~ 49 MPa，弯曲强度 66 ~ 72 MPa，且不利于长时间保存。光敏树脂有效期（一般一年），过期后打印容易失败，产品翘曲变形，并且打印件性能较差。通常而言，在刚开始打印过程中，制件能否与上托板紧密贴合是整个打印过程的关键，特别对于软质光敏树脂而言，打印过程容易失败。打印件尺寸较小，树脂槽使用一段时间，容易发生剥离失效问题，需要更换。

FDM 设备容易堵头且丝材损耗较大；PLA 打印产品高温易变形，打印中开裂，翘曲；ABS 易受潮失效。

光敏树脂材料可引起皮肤过敏乃至人体不适，产品不耐高温，长时间使用会造成变色，性能降低（开裂、翘曲），产品喷涂油漆防止变色。

DLP 设备打印产品紧密粘贴上托板是打印成功的关键之一，光敏树脂材料引起皮肤过敏，吸入或者长时间接触，引起人体不适（不易长期保存）。

第四节 机器人 3D 打印技术

工业机器人（industrial robot）出现于 20 世纪 60 年代，是用于搬运机械部件或工件的、可编程的多功能操作器，或通过改变程序可以完成各种工作的特殊机械装置。这一定义已被国际标准化组织所采纳。

3D 打印（three dimensional printing，3DP）技术是一种基于离散 / 堆积成型思想的新型成型技术。目前，3D 打印技术在工业机器人领域已经逐渐得到应用，并成为全世界较为前沿的研究领域之一。3D 打印技术在工业机器人领域的应用涉及材料科学、机械科学、计算机科学等，被认为是多学科交叉融合的科学技术，具有较高的研究价值和宽泛的应用前景。

一、工业机器人领域的 3D 打印技术

目前，在工业机器人领域中所使用的 3D 打印技术种类较多，主要有粉末床融合（PBF）、定向能量沉积（DED）、材料挤出（ME）、光固化（VT）、黏结剂喷射（BJ）、材料喷射（MJ）等，同时在工业机器人领域可供 3D 打印使用的材料也很多，如金属、聚合物等。

技术成型精度较高，打印层厚较小，从其工艺本身及所用材料角度来看成本不高，是较为理想的成型技术，未来在机器人领域将会被广泛采用。目前工业机器人领域 3D 打印所使用的材料主要有金属材料与非金属材料，其中金属材料包括钢、铁、钛、铝以及其他合金的粉末材料和丝状材料，主要适用于激光熔覆、直接金属烧结等技术，非金属材料包括生物材料和非生物材料，如组织细胞、聚合物等。

二、机器人技术在 3D 打印领域的应用

在 3D 打印技术中引入工业机器人，主要有两方面作用：一方面是为了扩大打印的尺寸。由于设备本身的机械结构制约，3D 打印的产品尺寸受到了很大的限制，而利用工业机器人在一定程度上可以放大打印的尺寸。华中科技大学杨秀芝等利用龙门架和工业机器人组合的打印装置，可以打印 20 m × 20 m × 10 m 的模型；上海建工集团股份有限公司王美华等提出的分布式自爬升建筑用 3D 打印装置，是将工业机器人附着在建筑体上，可以随着建筑的增高而自动爬升，有效地解决了 3D 打印装置与建筑高度的适应性问题。另一方面是为了打印结构复杂的模型。传统的增材制造方法由于受到重力的影响在不规则或非水平表面上创建 3D 模型是不可能出现的，工业机器

人的引入，可以很好地弥补这一不足。如图 3 所示，河海大学张弛等提出工业机器人与变位机联动，将变位机与工业机器人视为一个同步工作站，多方位打印复杂零件的内部结构；加泰罗尼亚高级建筑学院创新了挤出技术，利用工业机器人制作 3D 曲线，打印 3D 模型，与二维图层不同，3D 曲线是可以遵循自定义形状的精确应力线，在打印过程中可以抵消重力的影响。

（一）机器人技术在金属 3D 打印领域的应用

金属 3D 打印技术作为整个 3D 打印体系中的核心技术之一，是先进制造技术的重要组成部分。国外对电弧焊机器人 3D 打印技术的研究相对较早，我国虽然落后于许多欧美国家，但这些年在很多高校和科研院所的不懈努力下，取得了令人满意的成果。山东大学附属奥泰集团利用 KUKA 六轴工业机器人与两轴变位机联动，以高强度的钢丝为材料打印出外表精致的金属花瓶；如图 6 所示，中国装甲兵工程学院朱胜等利用现有的金属 3D 打印设备与六轴工业机器人结合，成功地修复了航空设备上的零部件；上海航天设备制造总厂研制的大型金属构件增材制造装备——同轴工业机器人送粉激光 3D 打印设备，成功地解决了国内航天领域大型金属构件“铸 / 锻造 + 铣削”这一传统制造模式导致的制造周期长、材料利用率低和柔性化程度差等问题，图 7 所示为同轴送粉打印设备打印的成品。

在国外，基于工业机器人的金属 3D 打印技术应用更为广泛。例如 MX3D 公司开发出突破性的机器人增材制造技术，可打印尺寸和形状复杂的合金产品，MX3D 公司使用六轴工业机器人在荷兰阿姆斯特丹市打印了一座大桥；如图 9 所示，鹿特丹港的 RamLab 使用线电弧增材制造（WAAM）工艺与减材制造技术相结合方法，用质量为 400 kg、直径为 1.30 m 的镍、铝和青铜合金印制出第一只船用螺旋桨。六轴机器人为 3D 打印创造了更大的打印空间和更灵活的打印方式。

（二）机器人技术在生物 3D 打印领域的应用

随着生物 3D 打印技术、医疗机器人技术、医学图像处理技术、人工智能等前沿技术的融合，为人类生物医疗领域的发展创造了有利的条件。基于医疗机器人的生物 3D 打印技术，我国走在世界的前列。例如，北京天智航医疗科技有限公司董事长张送根认为，医疗机器人与生物三维打印技术相结合应用于临床中，具有手术时间短、出血量少、软组织损伤小的优点，同时他还认为，基于医疗机器人的生物 3D 打印技术对骨组织的修复起着极大的作用。第四军医大学与北京航空航天大学机器人研究所合作把机器人技术运用于生物 3D 打印技术中，并成功地研发出了口腔种植机器人 3D 打印系统，该系统可以精准高效地完成口腔种植，给后续的动物实验和临床实验打下坚实的基础。中国人民解放军医学院赵燕鹏研发的基于 6 自由度串联定位机器人骨组织修复的 3D 打印设备，已成功地在动物身上做了多次骨修复实验，为解决髓内钉锁定孔精确定位这一长久难题提供了可靠的解决方案。

在国外，日本东京大学 Maeda 等将生物 3D 打印技术与六轴医疗机器人相结合研发了骨折复位打印机，机器人首先固定足部，然后牵引下肢完成股骨骨折修复。俄罗斯卡巴尔达 - 巴尔卡尔国立大学先进聚合物新材料实验室主任斯韦特兰娜·哈希罗娃等研制出的新的聚合物，可作为机器人生物 3D 打印机打印人体假肢的材料。

（三）机器人技术在建筑 3D 打印领域的应用

与传统的建筑建造方式相比，建筑 3D 打印技术的优势主要在于：使用了工业机器人，建筑 3D 打印技术能够完成复杂创意形态的建筑模型的建立；工业机器人让设计与建造高度自由化，建造质量安全可靠;建筑 3D 打印，可使用整体打印、组装打印、群组打印等技术，极大地缩短了工期；建筑 3D 打印使用的打印材料通常是建筑垃圾或回收的废旧材料，节约、环保。

目前国内利用 3D 打印技术结合工业机器人在建筑工程领域已经取得一定的成效，盈创建筑科技有限公司在这方面取得的成果尤为显著。首先，如图 14 所示，在 2014 年利用工业机器人组成的大型 3D 打印机，把特殊的“油墨”（建筑垃圾）堆叠成了 10 幢建筑，用时不到 24h；然后，于 2015 年在江苏省苏州工业园区，利用改进后的建筑 3D 打印机打印出一栋五层楼房和一套 1 100 m2 别墅;最后，于 2016 年先后打印出“未来办公室”和两套中式风格别墅庭院，其中“未来办公室”在上海经过吊装然后运输抵达迪拜，而别墅庭院利用工业机器人将建材层层叠加，经过多层叠加后形成的建筑，每层的厚度为 0.6 ～ 3.0 cm，该设计特殊之处在于把墙体设计成了“空腔”，然后在“腔”中再次利用 3D 打印技术填充保温材料，不仅让建筑具有较好的保温效果，而且节约了材料成本。目前国内将基于工业机器人的 3D 打印技术运用于建筑领域还处于起步阶段，仍有许多关键技术和问题亟待解决，但其巨大的应用价值必将引起科研人员的广泛关注，未来基于工业机器人的建筑 3D 打印技术发展趋势必然良好。

在国外，基于工业机器人的建筑 3D 打印技术成功运用的案例更多。加泰罗尼亚高级建筑学院 Terra Performa 项目中使用的 Co Giro 机器人，能够进行 3 种 3D 打印：机器人打印、现场打印和黏土打印。在英国拉夫堡大学的 freeform construction 项目中，美国麻省理工学院的设计师 Neri Oxman 利用工业机器人开发出一台应用于建筑领域的 3D 打印机，并用混凝土打印出大型构件。图 19 是荷兰建筑事务所（DUS）的建筑师利用一台名为 Kamer Maker 的大型 3D 打印机打印出的名为 Canal House 的建筑。

目前，3D 打印产业规模逐步扩大，行业分布越发密集，整体显现良好的发展趋势。基于机器人的 3D 打印技术已经有了较为良好的发展开端，具有宽泛的应用前景。相信随着与 3D 打印相关技术的不断完善，必将推动建筑、生物等多领域 3D 打印的蓬勃发展。本节对比分析了建筑、生物等领域 3D 打印技术与机器人技术结合的国内外发展情况，可为我国建筑、制造、生物医疗行业的从业者将 3D 打印技术应用到实际中提供参考。

第五节　工业设计中的 3D 打印技术

3D 打印技术于 21 世纪开始进入人们的眼球，并迅速发展，以其低廉的成本与极高的效率深受现实生活中人们的喜爱。3D 打印机技术渐趋流行成为当前消费者的热门选择。3D 打印技术给我们带来更为便利的生活方式，让人们对未来的生活充满希望，同时 3D 打印技术在工业设计中也存在诸多问题，我们需要去了解、去发展、去改进、解决其中存在的问题。

首先要严格按照相关要求订立合同，明确各方权利义务，使其有效约束和规范各方行动，确保合同各项规定得到认真遵守。要严格审核工程设计变更，确保符合要求，防止因设计变更而增加成本。对可能出现的索赔，也要按合同相关规定处理。注意工程索赔的正当要求，维护自身权益，尽量降低损失，妥善处理可能出现的索赔。一旦出现索赔，也要按合同规定和法律要求进行索赔处理，防止出现不必要损失，确保 PPP 投资型项目效益提升。

一、3D 打印技术的概念

3D 打印技术又名增材制造，是一种通过数字三维模型构建，运用各种特殊材料，通过 3D 打印机按照设计的数字三维模型打印实物的技术。3D 打印技术常在工业设计、模型制造、零件开发等诸多领域被广泛应用，是现今社会发展最具前景的技术之一，3D 打印技术当前的发展也存在很多的难题，其中也存在机遇与挑战，也是诸多设计与制造企业的最佳技术选择。

随着沥青砂浆厚度的增加，其孔隙率逐渐减小。当沥青砂浆厚度增加至 8 cm 后，孔隙率趋于稳定。这是由于沥青砂浆厚度增加，易于沥青砂浆流淌，填充密实。

二、3D 打印技术的发展历程

3D 打印技术出现于 20 世纪 90 年代中期，美国科学家 Charles Hull 开发了世界第一台 3D 印刷机，3D 印刷技术面世，在此基础上，1995 年，美国 ZCorp 公司从麻省理工学院获取专利授权并开发出了世界第一台 3D 打印机，至此 3D 打印机开始登上历史的舞台。十年之后，第一台色彩清晰的 3D 打印机也由该公司研发问世，自此 3D 打印技术开始逐渐火热，越来越多的人了解到 3D 打印技术，同时 3D 打印也得到了快速发展。例如，3D 打印制造的汽车 Urbee 汽车、巧克力、比基尼、飞机等。2018 年美国 3D 打印枪支合法化。2012 年 3D 打印技术人造肝脏细胞现世，2019 年人造器官进一步发展，以色列特拉维夫大学研究人员以病人自身的组织为原材料，3D 打印出全球首颗拥有细胞、血管、心室和心房的“完整”心脏，这在全球属于是首例。可以被称为医学史上重大进步。3D 打印技术在现代社会起着越来越重要的作用，也越来越深入人们生活，使人们的生活更加方便与快捷。

三、3D 打印技术在工业设计中的应用

（一）3D 打印技术用于模具、零件制造

传统工业生产劳动力占主导，时间成本、劳动力成本、材料成本占比较高，同时生产力低下、工作效率低、员工积极性不高、存在诸多矛盾与问题。与传统工业相比，3D 打印技术具有生产速度便捷、时间周期短等优点，通过批量生产，利用自身优势解除传统工业对时间、工期限制、降低时间成本、从而增加工业收入、提高工业生产效率、解决工业生产效率等问题。同时减少劳动力投入、减少劳动成本占比、降低总成本，使工业发展更加便捷。

（二）3D 打印技术用于批量生产

一般的模具和零件，工业上要求其要精细。而对于过去传统的制造技术，生产周期长、精度与成本不能兼容等一系列问题突出。导致产品精度低，质量有偏差，生产效率低下。而应用 3D 打印技术完全可以解决这些问题。3D 打印技术速度快、精度高、成本低、节省劳动力，并且可提高产品的质量及生产效率，在工业生产发展中被重视，逐步取代传统技术及设备。

3D 打印技术出现之前，传统的设计受产品的生产、组装等工艺制约，使得设计师的创造力、想象力受到束缚。而随着 3D 打印技术的发展与成熟，结构与外观再复杂的产品也能破除生产组装等限制通过 3D 打印机打印出来。如此一来，设计师们可以将精力完全集中在产品的外观创意和功能创新上，使产品的设计多元化、结构更一体化，使用人性化趋势逐渐显现，在其技术、经济、美学、环境、人机等属性因素中，人机属性和美学属性因素所占的比例得到提高。传统工业设计全部依靠传统的大批量的生产制造方式，因此就需要一个准确的模型进行制作。即便是对于过去的个性化设计也只是在原本模型的范围内加以改变和创新。因此设计者的灵感被束缚。使用者的体验与感受得不到照顾。在不同的环境之中，单一的模型不能完全满足需要，使得使用者对产品适用性的怀疑，与体验感差的评价。例如传统的鼠标设计方式，使用者只能去习惯适应鼠标的大小、滑动的顺滑度、点击鼠标的声音等这些固有规格。而 3D 打印技术则是根据使用者的手掌大小、个人需求等设计定制出与之相适应的产品。3D

打印技术更加人性化地解决了人们个性化需求与实物体验之间的矛盾。3D 打印技术的个性可定制化，让人们有了真正的优质体验。

（三）3D 打印技术用于产品制造

在三维设计技术快速发展的背景下，工业设计中往往需要通过三维设计软件进行设计产品，而 3D 打印技术的出现使得 3D 打印机成为检验设计的重要工具，不同设计师可以设计各种不同的产品，并通过 3D 打印机定制自己与众不同的设计灵感产品，方便了设计师们的创作，缩短了创造到成品之间冗杂的过程，使设计师更快更及时地发现自己创作的优点与缺点，使工业生产中的新产品可以适时改进。设计师们可以设计更精密、成本更低的产品，而且加上三维设计软件的广泛应用，3D 打印机的运用、操作更加简单，为新产品的创作与成形节省更多的时间，使设计师安心创作、大胆创作、方便创作。除此之外，高精度的产品方便了设计师们为精细的创作与创作欲望，减少因精度不够而导致的产品问题，从而降低设计师设计的失误率，增加设计师们设计的信心。

四、3D 打印技术在工业设计中的影响

（一）3D 打印技术革新了传统创作方式

三是基于产业结构确定专业。现在的区县职业学校是“小而全”，即规模小、专业全，什么专业时髦、什么专业好招生就办什么专业，学校专业较多，量小质弱。在由“打工经济”向“本地经济”转型的过程中，未来的职业学校一定要与本地区产业结构相一致，根据本区域产业设置专业，办大办强，定向发展。如云阳县将大旅游、大数据、大健康确定为未来产业发展重点，这就为本地职业学校确定了专业方向，职业教育要与地方产业“同向同行”，方能“相宜相长”。

（二）3D 打印技术对产业的影响

对于传统工业设计，设计与制造相分离，互不依赖，原因在于过去生产方式古板，需要大量手工配合，从而设计师不生产，工人不设计，设计与生产互相分离互不关联。自 3D 打印技术的出现，专业设计师对于传统手艺的生产依赖性减少，因为 3D 打印技术的出现，手工方式生产已经远远落后，而 3D 打印技术对手工的低要求，恰好成为设计师自主设计、自主制造完全不需要与其他手工劳动者相绑定。一些具有创新能力的设计师完全可以独立自我创新，改变传统生产方式，取代手工的低效率生产，一些具有设计思维的消费者也可能利用新型 3D 打印技实现个性化产品定制需求。

（三）3D 打印技术对工业流程及成本的影响

3D 打印技术的出现，使工业流程得到精简，原本几个生产线的工作量现在一台

3D 打印机便可取缔，在实际生产中，无论多精密的仪器都会有误差，所以，对于正常的工业生产，所用的流程越多，流程越复杂，材料损耗也就会越多。成本也就得不到有效控制。传统的工业设计中，生产的过程需要烦琐的程序，有时一个产品需要分成多个部件再进行组装。在传统生产线的生产中，所用的材料得不到有效控制，生产成本也就得不到有效控制。同时生产流程不仅会导致生产周期长、材料损失多，甚至会造成环境污染。除此之外，还有各生产线维修维护成本等都会使成本总量增加。然而 3D 打印技术完全不用担心这些问题，3D 打印技术以其便捷的打印方式，强大的打印能力将设计的产品完美地展现出来，设计与制造的成本也得到了有效控制。

综上所述，3D 打印技术相比传统工业设计与制造有着巨大优势，它的出现将拥有改变工业设计格局的潜能。3D 打印技术的应用可降低成本、提升产品质量，提高工作效率、改善用户体验、为社会各业带来更多的经济价值。对社会各业的发展有着十分重要的意义。尽管 3D 打印技术有所缺陷，还存在较多的问题，相信在社会各业积极探究与应用下，3D 打印技术中目前存在的问题会迎刃而解。

第六节　动画设计中的 3D 打印技术

3D 打印技术是一项近些年发展迅速，同时具备颠覆性的制造技术。该项技术往往会以数字化模型为基础，利用熔融沉积、激光烧结等手段快速成型，这样也就能够最大幅度提升小批量产品的制造速度，进而大大降低产品制造成本。正是因为 3D 打印技术拥有这样的优势特点，所以 3D 打印技术也就能够在动画设计行业中得到更加广泛的应用，从而最大化的增加动画设计的效率与质量。

一、3D 打印技术所具有的优势特点分析

在进一步展开 3D 打印技术在动画设计中的应用分析之前，我们应当对此项技术的优势特点做出科学的分析，因为这是前提基础所在。具体的 3D 打印技术所具有的优势特点主要有以下内容：

首先，3D 打印技术能够大幅度地减少圆形产品制造的成本以及开发周期。运用 3D 打印技术来制造圆形产品的时候，工作人员并不需要太多复杂、昂贵的生产流程，也就能够直接有效的使得数字模型转化为根本实体。3D 打印技术能够最大程度的缩短试验产品的用户应用时间，使得整项试验技术的反馈时间得到缩短，同时还能够更为良好的改善以及完善用户的实际体验。

其次，3D 打印技术能够大大提升造型设计的自由度，更好的实现多种材料以及复

杂造型的一次成型目的，切实减少零配件装配流程。某些机器或人工难以制作的复杂造型，都会借助 3D 打印技术的应用，这是因为此项技术的应用成本也不会因为结构较为繁杂而大幅度的增长。所以，产品设计人员很少会受到成型技术的直接限制，进而获得更大程度上的设计自由度。

再次，3D 打印技术还能够实现动画设计有关产品的高度定制化。因为 3D 打印技术无须模具、流水线等前期的投入，生产规模也就对单件产品的成本影响较低，所以十分适合生产小批量、定制化的产品。这样能够使得动画设计的相关产品，在更为科学规范化的状态下得到全面的应用。

最后，3D 打印技术能够使得实物产品实现虚拟化传输、分享以及再开发。3D 打印技术能够使得数字化模型形成较为统一、完善化的数字模型规范，有助于通过网络信息媒介展开动画设计虚拟产品的分享与传输，从而实现按需制造以及就近生产目的。由此可见，3D 打印技术拥有极其重要的作用，将此项技术应用到动画设计领域中，往往能够使得动画设计的各个环节质量都得到更大程度的提升。

二、关于 3D 打印技术的分类与原理综述

本段将会对 3D 打印技术的分类以及原理做出一定程度上的论述，希望能够为有关人士提供相应的参考。具体技术分类与原理为以下内容：

目前所描述的 3D 打印技术是一个相对广义化的概念，也可以将其称为增材制造，3D 打印技术的分类是需要予以高度重视的，此项技术拥有自己的优势与不足，应用的领域也具有较大的差异性，所以需要根据实际的情况展开科学化的选择。3D 打印技术往往更是一种制造实体零件模型的新技术，在应用的过程中也就需要通过 CAD 设计数据，实现自上而下的逐层累加材料，使得所打印出来的物体能够呈现出一种立体固体的物态。3D 打印技术在打印的过程当中，并不需要使用传统的夹具、刀具以及加工程序，利用三维设计数据，也就能够在专门设备上实现精确的、快速的复杂零件打印，通过 3D 打印技术也就能够实现“自由制造”，缩短加工的时间，更好地提升加工的效率，同时还能够使得传统技术制造所形成的约束性得到摆脱，进而为物体的创新设计提供更加宽广的空间。

从另一个方面来讲，3D 打印技术打印一件物品需要经过建模、分层次、打印以及后期修整等 4 个主要阶段。三维建模主要应用在动画设计等专业领域，有关产品的制定都能够得到更好的改善，分层切割主要指的是 3D 模型输入到电脑中以后，通过打印机配备的专业软件，使动画设计的模型转化成 3D 数据，在此之后将其切分成一层层薄片，再次运用合适的模型来使得这些数据能够实现分层打印，每一个薄片的厚度与属性，都会得到科学化的规定。打印喷涂的做法主要是通过高能激光来熔化合金材

料，整个过程所需要耗费的时间需要根据动画设计产品的大小与规模来决定。还需要注意的是后期处理工作，模型在打印完成之后，一般情况下也不会太完美，往往会存在毛刺或者是截面相对粗糙的问题，此时为了能够有效地解决这样的问题，就应当展开修整、上色、剥离以及固化处理等后期加工，如此才能真正地形成完美的立体固体形态。当这些方面的内容都得到更好的完善与优化，最终强化动画设计工作的质量水平，切实的实现动画设计的经济效益与社会效益，优化当前动画设计的流程。因此，对 3D 打印技术的分类以及原理展开全面分析，将会产生极其重要的意义，需要引起有关人员的高度重视。

三、关于在动画设计专业教学中应用 3D 打印技术研究

根据前两个部分的内容分析，我们能够从中清楚地了解到，3D 打印技术所具有的优势特点，以及 3D 打印技术的原理与分类。因此在掌握这两个方面的内容之后，需要对 3D 打印技术在动画设计专业教学中的应用展开科学化的分析，如此才能真正为有关人员提供参考，使得动画设计工作水平得到提升。具体的应用为以下内容：

（一）注重 3D 打印流程的技术

3D 打印过程当中通常会选择 SLA 成型技术，将其以硅树脂作为打印材料，打印机选择文博迷你打印机。主要的步骤需要从这些方面展开操作，要明确动画设计的模型参数，从而选择 CAD 软件绘制动画三维模型，生成标准模板库文件。打开文博 3D 打印机专用的切片软件，将模型导入到其中，这样动画模型的基本参数将会得到科学的优化。从另一个方面来看，注重 3D 打印流程的技术，也就需要切实注重相关的技术要点，要将这些技术要点落实到全方位监控中，如果在监控过程中发现 3D 打印技术存在漏洞，就需要采取科学措施，对问题予以全面的整改。只有切实注重 3D 打印技术的流程优化，才能确保整项动画设计的科学性上升到更加全面化、科学化的状态。所以，有关工作人员需要对此予以高度重视。

（二）注重动画衍生品开发方面的应用

伴随着消费者需求的多元化以及个性化程度不断提升，传统大规模制造的模式正在朝着定制化方向转变。近些年发展迅速的动画手办模型，也就可以将其看作这种趋势在动画设计领域中的发展表现。国内许多动漫爱好者热衷于对商业动漫、电影以及游戏作品再创作，并且创作出各类个性化程度相对较高的动画形象延伸作品。面对细分程度和个性化不断提升的市场需求，传统的大规模制造模式显然不能得到更加完全的满足，造型自由度高、投入相对较少、使用灵活的 3D 打印技术为小规模定制工作提供了更多更为理想的平台。还需要分外注意的是，3D 打印技术还能够同时使用以及输出多种材料与颜色，这一优势对于生产数量不多的个性化动画衍生作品，将会得到

科学的优化。所以，3D 打印技术不但能够在专业动画衍生品开发领域中得到更多的重视，往往还会在某些环节表现出全新的特点，这是从事此项工作的人员应当投入研究精力的环节，确保该环节的应用水平能够始终处于相对较高的状态。

（三）把握好动画消费领域的应用

3D 打印技术往往还能够在动画消费领域当中得到科学化的应用，也正是因为 3D 打印技术的应用，从而确保动画消费领域的运行质量水平始终都处于相对科学稳定的状态，进而实现动画设计的经济效益与社会效益。比如在动画设计衍生品开发环节中，伴随着低成本 3D 打印技术的日渐普及，利用 3D 打印技术能够使得衍生品的虚拟化销售、传输以及分享等流程在科学技术的指导下，得到有条不紊的运作，最大程度上提升流通的实际效率，扩展动画设计产品的销售渠道，更有甚者还可能会彻底改变动画设计衍生品行业的商业运作模式。衍生品的开发人员应当将技术复杂、过程缓慢、投入高但是需要大批量生产产品的数字化的 3D 模型销售给终端消费者，实现衍生品的全面优化。在该种全新模式下，动画设计工作人员能够直接参与到衍生品销售过程当中，从而大大扩展动漫产业的盈利渠道，鼓励更多的人员参与到动漫创作的流程中，动画设计人员与消费者之间的界限也将会不再明显，最终使得广大动画设计工作人员都能够在设计漫画的时候，实现其自身的固有价值。所以，应当注重该环节的开展。

（四）在定格动画制作方面的应用

在定格动画设计制作的流程当中，科学应用 3D 打印技术，将会从根本上提升定格动画在角色表演、面部表情等多个环节的制作效率与制作水平。由此可见，在定格动画中应用 3D 打印技术，必定能够得到业界的关注与肯定，因为其不但能够使得应用的周期得到缩减，并且还会大大提升定格动画的制作水平。例如在传统定格动画制作中，所采用的技术方式往往至少需要几个月的时间来完成，但是如果在该过程中应用 3D 打印技术，也就能够节省大量的时间，提升动画设计的模型质量。所以在定格动画制作的过程中，科学应用 3D 打印技术，使得动画设计的质量水平能够优化与提升，有关动画设计工作人员应当对此予以高度的重视。

上文从三个方面展开了主题分析，首先分析了 3D 打印技术所具有的优势特点，其次分析了 3D 打印技术的分类与原理，最后分析了动画设计应用 3D 打印技术的实际情况。根据相关内容的具体分析，我们能够明确，动画设计中应用 3D 打印技术是具有极其重要意义的，它能够使动画设计的质量水平得到提升，因此需要得到广大人员的高度关注。相信随着有关人士的不断理解与重视，国内动画设计的质量水平必定得到提升，同时动画设计的经济效益也将会得以实现。

第四章　3D 打印材料

第一节　3D 打印无机材料

随着国家“双一流科学”的建设和新工科教学理念的提出，基于成果导出的教育理念（Outcomes-based Education，OBE）在国内高校教学受到普遍关注。OBE 理念是一种围绕学生学习成果为中心来设计、执行和评价教学活动的新型教学理念。OBE 教学理念源于美国，在日本、加拿大、澳大利亚等国家先后提出 OBE 认证标准。随着我国教学改革，以三级认证为本科教学水平评价体系的新型评价方法在高等院校逐步展开，安徽工程大学凤权将 OBE 教学理念引入纺织专业应用型本科培养方案，北部湾大学肖宝采用 OBE 理念改进了计算机专业的课程模块化教学。贵州工程应用技术学院的李永湘等人将 OBE 理念融入机械工程专业的综合实训课程教学，但是目前还并没有人可以将 3D 打印技术与应用化学专业的综合创新实验教学进行有机融合。3D 打印技术是一种无模增材成型技术。材料领域根据传统打印原理，采用陶瓷粉末、金属粉末、塑料等高温形成具有一定黏度的浆体，逐层打印形成目标构件、器件和装置。目前 3D 打印技术广泛应用于医学、机械、航天、塑料、建材等诸多领域。在应用化学无机材料方向，学生必须以高等数学、计算机技术知识为基本工具进行建模和模型设计，综合应用无机化学、无机材料合成与制备、流变学、材料研究方法等基础理论知识构建无机浆体材料，控制浆体的黏度和固化时间，通过 3D 打印成型制备出各种形状的构件和器件。在整个教学过程中，学生独立设计方案，回顾大学四年的理论知识和实验操作，提出问题、分析问题和解决问题，制备出自己的作品，最后通过校外实训基地的现场实训考核，达到培养学生能力的目的。该方法将传统实验进行基于 OBE 理念的教学设计，引入 3D 打印新型成型技术，通过深入校企产教融合进行综合能力评价。

一、教学设计

（一）教学目标

根据地方本科院校应用化学专业学生培养目标和学生能力培养要求，基于 OBE 理念设计了应用化学综合创新实验（3D 打印技术在无机材料中的应用）的教学目标。

（1）使学生了解 3D 打印成型技术制备无机材料的工作原理，相关三维设计建模软件，逆向工程设计软件等基本知识。

（2）掌握无机材料领域研究和生产过程中的核心科学问题，即原材料组成与产品（产物）结构及性能之间的基本关系。

（3）了解并掌握无机材料浆体的制备方法与流变性能控制方法。

（4）了解并掌握 3D 打印无机材料的研究方法。

（5）了解 3D 打印机的操作使用和常见故障处理方法。

（6）掌握无机材料数据处理和撰写科学实验报告的能力。

（二）教学内容

在确定 3D 打印技术在无机材料综合创新实验教学的教学目标和学生能力培养要求的基础上，基于 OBE 实验教学理念，围绕应用化学专业学生能力培养这个核心，在传统教学的基础上，对应用化学综合创新实验进行构建和探索，将学生的实验教学与校外实训结合起来，只对学生总体实验设计方案做指导，每位学生独立选择 3D 模型、软件选择、原材料分析、结构分析、产品性能评价、3D 打印成型等，老师对学生的疑难问题和进度进行引导、解答和督促。

（三）教学计划实施

为了训练学生的交流、合作和管理能力，每组学生 6 人，共分 5 组，每小组选一名组长，负责组织小组成员制定和讨论实验设计方案，在实施过程中每 3 个学生，做平行实验，相互监督，防止出现操作失误。

二、教学效果评价

本综合创新实验项目已 30 位学生为教学对象，基于 OBE 教学理念模式进行改革探索。学生的实验成绩由实验作品成绩（占 50%）、实验过程中每一步设置 2 分的理论基础题（占 10%）、提问与分析解决问题能力（占 15%）、实验总结与分析（占 10%）、校外实训（占 15%）四个部分组成。通过本实验项目训练，学生将大学四年学习的理论知识和实验技能进行融会贯通，熟练运用，并将校内实验与校外实训有机结合，使得学生基本达到能力培养要求。

基于 OBE 理念的 3D 打印成型技术在无机材料综合创新实验项目的教学改革，使学生将大学四年的理论知识和实验技能进行融会贯通，形成知识体系，同时提高学生创新设计和独立解决问题的能力。该项目将综合创新实验项目与校外相关实训基地进行有机结合，校企深入融合协作培养时代需求的高素质应用化学专业人才，让学生学以致用。总体来说，将 3D 成型与无机材料制备结合，通过 OBE 教学理念实施教学，学生的能力水平直接采用校外实训基地生产进行评价的教学模式真正体现新时代以学生为中心的人才培养模式，明显优于传统实验教学模式。

第二节 3D 打印高分子材料

3D 打印技术是一种基于数字模型发展起来的新型制造技术，目前广泛应用于医疗、军事、航天等领域。可用于 3D 打印的材料可分为高分子材料、金属粉末材料和无机非金属材料。通常来说，这些用于 3D 打印的材料一般需要具备较好粘合性能，从而可以通过材料层与层之间的黏结作用保证三维空间上的物体成型。其中应用于 3D 打印的高分子材料主要以高分子丝材为主，其生产成本低、可加工性能良好，应用较为广泛。另外，光敏树脂和高分子粉末材料也可以用于 3D 打印。

3D 打印用材料的研发是保证 3D 打印技术发展的基础，目前美国、德国、日本等国家的制造业发展较为迅猛。为了提高我国 3D 打印技术的竞争力，进行相关材料的研发引起了广大研究学者的关注。不同的 3D 打印技术机理不同，所以对材料性能的要求也各不一样，一般情况下用于 3D 打印的高分子材料需要具有良好的可打印性能和可加工性能，针对特殊领域的要求，所选用的打印材料还需要具有一些特殊性能。例如，应用于组织工程领域的 3D 打印材料还需要具有良好的生物相容性、组织仿生性和无毒等。笔者对现阶段所研发的 3D 打印高分子材料进行介绍，并对不同材料的优缺点进行了分析和总结。

一、3D 打印技术分类

根据 3D 打印技术的实施方法可将其分为熔接沉降成型 3D 打印技术、直接打印技术、注塑 3D 打印技术、选择性激光烧结 3D 打印技术、立体光固化 3D 打印技术等。

传统的熔接沉降成型 3D 打印技术是以直径为 1.50 ~ 1.75 mm 的高分子固体纤维为原料，在滚轮作用下通过温度约为 200℃的喷嘴，然后熔融的聚合物通过滚轮的压延作用在平台上成型；直接打印技术是将聚合物溶解于低沸点溶剂，聚合物溶液在挤出成型的同时溶液挥发，于是则留下了成型后的聚合物溶质；注塑 3D 打印技术是将微量体积的小液珠从喷嘴处逐滴滴下，在打印平台上形成所设计的形状，再通过后固化成型；选择性激光烧结 3D 打印技术是直接利用激光束将聚合物材料的温度升至其熔点以上，使得聚合物材料溶解在一起，通过计算机程序控制激光走向和花纹，从而得到设计的物体模型；立体光固化 3D 打印技术是利用具有一定形状的激光束或紫外光束，对可进行光聚合的液态预聚物进行催化聚合，利用溶剂将未聚合部分洗掉，则得到成型后的聚合物模型。

二、3D 打印用高分子材料

可用于熔融沉积技术的高分子材料均为热塑性高分子材料，有聚乳酸（PLA），聚己内酯（PCL），聚醚醚酮（PEEK），聚碳酸酯（PC）和丙烯腈 - 丁二烯 - 苯乙烯塑料（ABS）等，这类聚合物一般具有优良的加工性能，将材料改性后可以有效提高其力学性能、尺寸稳定性等，从而保证打印产品的质量。此外，3D 打印用高分子材料还有用于立体光固化打印技术的光敏树脂和选择性激光烧结打印技术的高分子粉末材料。

PLA 较为重要。张向南等将 PLA 和不同的刚性添加粒子、增韧剂及协同增韧剂进行熔融共混，研究发现，在共混时同时加入增韧剂和协同增韧剂后，可以大大提高 PLA 的韧性。另外，汤一文等在 PLA 中分别添加了无机增韧剂和有机增韧剂，结果表明，适量添加无机增韧剂不仅可以大大提高 PLA 的刚性，还可以在一定程度上提升 PLA 的韧性。改性后的聚乳酸用于 3D 打印，可保证产品的尺寸稳定性，不容易发生尺寸收缩和翘曲变形。

PCL。同 PLA 一样，PCL 也是一种成本低、可生物降解的聚酯材料，并且也可以广泛应用于熔接沉降成型 3D 打印技术。在加热条件下，PCL 具有十分优异的流变性能和黏弹性，这种自身性能赋予了它优异的熔融压延打印性能。另外，由于 PCL 的强度和降解特性，通常应用于硬组织工程领域，PCL 在生物体内可稳定存在 6 个月，并且其降解产物在 3 年内对生物体无毒害作用，D.A.Zopf 等用 PCL 经 3D 打印所制备的呼吸道夹板装置，可以使病人脱离呼吸机，自由进食和吃药。PCL 还可以用于选择性激光烧结 3D 打印技术，J.M.Wlliams 等利用 10 ~ 100 μ m 的激光束对 PCL 加热使其熔融，然后经过 3D 打印制备出聚合物仿真骨架，这种打印出来的骨架与真实的骨头十分相似，具有良好的气孔度、关联性、优异的表面粗糙度和压缩弹性模量。当植入 BMP7 传感纤维细胞后，这种 3D 打印骨架表现出了良好的组织生长和骨增长现象。

PEEK。PEEK 是一种半结晶聚合物，常用于 3D 打印材料或制造业的辅助材料。这类材料不仅具有优异的强度和韧性，并且具有较好的生物惰性、生物相容性、射线可透性、低导热性等性能。但是 PEEK 的熔点高达 350℃。这导致其加工过程比常见的聚合物要复杂得多，通常只能利用选择性激光烧结 3D 打印技术进行加工。PEEK 所制备的 3D 打印物件的热稳定则较为优异。最近熔融沉积 3D 打印设备的加热终端可达到的温度得到提升，所以也可以通过熔融沉积 3D 打印技术对 PEEK 材料进行 3D 打印，大大扩展了 PEEK 在 3D 打印领域的应用。

PC 具有优异的力学性能、尺寸稳定性、阻燃性，并且生物毒性较低。在 3D 打印时，将 PC 制备为高分子丝材，其强度可为 ABS 的 1.6 倍。但是，在高温下 PC 容易释放出双酚 A，如果应用于医疗和食品产业，会对人类身体健康造成毒害作用。2014 年，我国傲趣电子科技有限公司利用德国拜耳集团生产的食品级 PC 制备了线材，在 255 ~ 280℃下熔融压延，在 120 ~ 150℃的打印平台上进行成型，所得的 3D 打

PLA 来源广泛、成本低、易加工，并且具有优良的生物相容性、可降解性和低的生物毒性，可用于熔接沉降成型 3D 打印技术。PLA 在 175℃左右则可形成聚合物纤维，并在 200 ~ 230℃之间可以通过压延进行 3D 打印。但是 PLA 与常见通用塑料相比，具有质脆及复合强度低等缺点，若是应用于医疗领域，其降解产物乳酸会导致组织发炎和细胞坏死等症状。为提高 PLA 的应用性能，提高材料本身的韧性则印模型尺寸稳定性高，并且这种食品级的 PC 不含双酚 A，可用于视频和医疗行业。同年，C.M.Shemelya 等通过控制金属钨的固载量，制备出了低钨含量的 PC 材料，利用金属钨的功能特性制备出了具有良好力学性能和电磁性能的 3D 打印 PC 复合材料，进一步拓宽了 PC 材料在 3D 打印领域的应用。

ABS。ABS 树脂是一种典型的热塑性弹性体，由于丙烯腈和丁二烯嵌段的存在使得聚合物具有优异的力学强度，而苯乙烯嵌段又赋予了聚合物优异的刚性，这使得 ABS 树脂具有普通聚酯材料不具备的力学性能。ABS 树脂的熔点为 105℃，是较为理想的熔融沉积 3D 打印材料和立体光固化 3D 打印材料。但是 ABS 树脂的尺寸稳定性低，在打印过程中特别容易发生翘曲变形和尺寸收缩，ABS 不能生物降解，通常无法应用于组织工程领域。为了提高 ABS 树脂的尺寸稳定性，方禄辉等将苯乙烯 - 丁二烯 - 苯乙烯嵌段聚合物（SBS）与 ABS 树脂进行掺杂，当 SBS 质量分数为 10% 时可制备出满足 3D 打印的 ABS 树脂，并且弯曲强度以及拉伸强度均可保持在纯 ABS 树脂的 80% ~ 85%。进一步加入增塑剂和共混增溶剂，还可以提高其韧性，从而成功应用于熔融沉积 3D 打印。另外，Weng Zixiang 等制备出了纳米有机蒙脱石复合 ABS 材料，并将其应用于熔接沉降成型 3D 打印技术，与传统的 ABS 树脂相比，该 ABS 纳米复合材料的力学强度提高了约 43%。

光敏树脂。光敏树脂是指在光照条件下聚合单体或预聚物发生进一步聚合或固化的材料，主要由单体、预聚物和光引发剂组成，通常应用于立体光固化 3D 打印技术中。在紫外光或激光照射下，逐层引发光敏树脂的聚合或固化，利用层与层之间材料的粘合性能堆积出三维物件，这种打印方法所制备的物件尺寸精度高，而所用材料的尺寸稳定性对构件的质量影响较大，所以通常要求光敏树脂的成型精度较高。

刘甜等通过对温度、催化剂浓度及种类的优化，利用丙烯酸和二缩水甘油醚制备了低黏度的预聚物，并将其应用于立体光固化 3D 打印，所得物件的尺寸误差可控制在 5% 以内。唐富兰等利用自由基和阳离子制备了混杂型光敏树脂，并且利用纳米二氧化硅对其进行改性。将这种改性的光敏树脂用于立体光固化 3D 打印，所得物件的力学强度和尺寸稳定性都得到了提高。

高分子粉末材料。应用于3D打印的高分子粉末材料主要有尼龙、PC、聚烯烃等粉末材料，这类材料主要应用于选择性激光烧结3D打印技术。为满足其打印构件强度和尺寸精度的要求，一般要求高分子粉末材料具有烧结温度低、强度高、尺寸稳定性高、流动性好、内应力小等特点。汪艳等通过激光烧结法对结晶聚合物和无定形聚合物的烧结机理进行了研究，分析出了聚合物性质对其烧结性能的影响，但并未进一步研究其选择性激光烧结3D打印行为。徐林等利用碳纤维增强尼龙12粉末材料，在3D打印过程中，产品的强度和弹性模量都得到了提高。另外，通过不同方法得到聚乙烯和聚丙烯粉末材料以及与其他粉末材料共混的材料均具有良好的烧结性能，并且具有优异的力学性能和尺寸稳定性，可广泛运用于高精度产品的3D打印。

近年来，3D打印技术发展迅速，主要以熔融沉积技术、选择性激光烧结技术和立体光固化技术为主。其中可用于熔融沉积技术的高分子材料都为热塑性高分子材料，有PLA，PCL，PEEK，PC和ABS等，这类聚合物一般具有优良的加工性能，将材料改性后可以有效提高其力学性能、尺寸稳定性等，从而保证打印产品的质量。用于立体光固化打印技术的材料主要是光敏树脂，这类材料通常在光引发剂作用下进行固化，通过逐层打印形成最终产品，这类材料的尺寸稳定性高，通过共混还可以进一步提高其力学强度和韧性。高分子粉末材料主要用于选择性激光烧结打印技术，这类材料尺寸精度高、烧结温度低，通过不同加工方法或与碳纤维等材料进行共混，可以提高其强度。根据不同的3D打印技术，选择加工性能好、尺寸稳定性高的高分子材料，通过不同的改性方法增强材料本身的应用性能是拓展3D打印高分子材料种类的研究重点。

第三节　3D打印生物材料

一、生物3D打印技术概述

3D打印技术（three-dimensional printing，3DP），又名快速成型、实体自由成型、增材制造等，是基于离散-堆积原理，在计算机辅助下通过层层堆积形成三维实体的有别于传统减材制造的先进制造方法。因高精度、个性化制造及复杂形状构建上的独特显著优势，3D打印渗入了各行各业并引领创新，引发全球制造业产生革命性变革。

在生物医药领域，3D打印技术通过对生物材料或活细胞进行3D打印，可构建复杂生物三维结构如个性化植入体、可再生人工骨、体外细胞三维结构体、人工器官等。以3D打印技术为基础的组织工程支架和器官打印技术的发展是目前3D打印技术研究的最前沿领域，也是3D打印技术中最具活力和发展前景的方向之一。当前以组织器官修复与重建为目的，国际上开发了各种生物3D打印技术，包括用于组织工程支架构建的熔融挤出技术、基于喷墨技术的细胞打印、细胞和细菌的激光直写以及T细胞和细菌的微接触印刷等。

生物3D打印涵盖的内容十分广泛，根据打印材料的不同可将其划分为4个层次的应用：

a. 个性化体外模型制造。材料为无须生物相容性和降解性的工程材料，主要为手术规划、假肢设计、测试标准等制造体外的模型。

b. 个性化植入体制造材料。为具有良好生物相容性且不易降解的生物材料，如钛合金、聚氨酯类聚合物等，用于制造人工假肢植入物、组织缺损部位支撑和替代，以及整形外科。

c. 可降解组织工程支架制造。针对组织工程应用，要求材料既具有较为良好的生物相容性又有匹配的降解性能，避免自体或异体组织移植中的问题。以支架模拟细胞外基质，相应细胞在支架上经过体外培养后植入体内，诱导组织再生与修复。

d. 细胞三维结构体的人工构建。材料为活细胞及其外基质材料，如肝细胞-明胶、干细胞-胶原等，用于构建三维细胞结构体、体外三维细胞模型及组织或器官胚体等。

这4个层次的生物3D打印对生物医学领域的基础研究、药物筛选和临床应用都具有重要的促进作用。

通常，生物3D打印的实施包含3个步骤：（影像）数据获取与三维模型设计、打印墨水（材料和细胞）选择和组织构架的3D打印工艺。

（一）（影像）数据获取与三维模型设计

为实现打印组织或器官最终的功能性及复杂结构的精确复制，在打印之前采用医学影像检查方法收集组织结构和组成信息以构建打印模型是最为关键的。最常见的两种影像学手段是CT（计算机X射线断层成像）和MRI（磁共振成像）。牙科领域为获得图像数据还会使用锥形束计算机断层扫描（CBCT）。这3种技术均可获得二维截面的解剖信息，通过专业软件对系列截面的三维重构建模即可得3D打印机接受的STL格式图形文件，继而最终制造出生物产品三维实体。

近十多年来，欧美等发达国家科研机构对于医学图像三维重建技术的研究相当活跃，其技术水平正从后处理向实时跟踪和交互处理发展，并且已经将超级计算机、光纤高速网、高性能工作站和虚拟现实结合起来，代表着这一技术领域未来的发展方向。在市场应用领域，目前已有多个比较成熟的商品化三维医学影像处理系统。

（二）生物材料打印墨水的选择

基于生物应用指向的3D打印技术，其打印材料组成与其他领域3D打印材料相比具有更多特殊要求。例如，高温烧结、有机溶剂、紫外辐照和交联剂等条件在生物 3D 打印过程中往往须尽量避免。具体来说，根据应用目的须考虑以下要求：

a. 可打印性。材料的黏度、流变和凝胶化等性能直接影响到 3D 打印的可操作性，决定打印制品的空间和时间分辨率。

b. 生物相容性。包含生物安全性和生物功能性。材料不仅要求很低的毒性及不引起机体的任何不良反应，而且也要求材料在特定的应用中激发机体的相应功能。

c. 降解性。包括材料的降解速度可控性、与组织再生速度的匹配性、降解产物安全性、材料的溶胀和收缩特性等。

d. 结构与机械性能。3D 打印的材料往往具有支撑细胞和组织三维结构的作用。针对特定的组织类型，从皮肤、肌肉、软骨到硬骨，材料打印后须具有不同的力学强度和微结构，尤其是材料的孔隙。

e. 仿生学特性。材料仿生学特性有利于刺激细胞响应。在生物材料中掺入生物活性组分可对内源或外源细胞的黏附、迁移、增殖及功能表达产生积极作用。另外，材料表面性质如化学基团的修饰、粗糙度、亲疏水性、微纳米结构等直接影响到细胞的铺展形状、分化过程、运动、取向、细胞骨架的组装，甚至是细胞内部的相关信号通路。

（三）生物材料 3D 打印工艺

用于生物材料，包括了材料、细胞复合体材料的 3D 打印技术手段主要有两种类型：喷墨生物打印和注射式生物打印。两者在打印产品的表面分辨率、细胞存活率以及生物活性材料选用等方面具有不同特点。

喷墨式 3D 打印机是目前生物 3D 打印领域最常见的打印机类型，可实现连续和按需喷射。实际上，3D 喷墨打印机是从传统的 2D 打印机发展而来，其原理差别不算太大，只是利用生物材料替代打印墨水，利用一个可升降的平台替代纸张，是低成本和经济性的 3D 打印机。目前，多个研究团队正致力于研究开发能够实现高分辨率和高精确度的含细胞液滴的 3D 打印，打印液滴体积可控制在 1 ~ 300 pl，每秒喷射速度可在 1 ~ 10 000 滴范围内调节，可以精确地打印成宽约 50 μm 的图案。

目前，喷墨式 3D 打印机挤出墨水的方式有热驱动和声驱动两种。热驱动式打印喷头通过局部电阻加热产生气泡，挤压喷头内液体获得液滴。这种热泡挤压打印喷头尽管使用范围较广，打印速度较快，但是其在液滴方向、均匀性和尺寸控制上表现得不尽如人意，且喷射过程中产生的热应力、喷头堵塞、细胞裸露等问题往往对打印产生不利影响。为克服以上问题，可以通过压电器件的逆压电效应造成材料变形，使喷头内液体体积和压力发生变化而挤出液体。声驱动打印喷头以声波配合超声场来喷射液滴，挤压出的液滴大小和挤压速度可由超声强度、时间、脉冲等参数实现控制。喷墨式 3D 打印在挤出墨水时产生的剪切力容易对细胞造成损伤，而且要求挤出的材料必须是液态的形式，极大地限制其应用。因此，提高喷墨式3D打印细胞存活率及优化打印工艺依然面临着巨大挑战。

与喷墨式生物3D打印相比，注射式生物3D打印直接采用压缩空气或通过压缩空气直线电动机推动的活塞将注射筒中的材料连续挤出，对于黏度较大的“生物墨水”的打印优势更为明显。目前已有文献报道的注射式3D打印材料种类相当丰富，黏度范围30 ~ 6×107 mP·s，可同时涵盖打印所需的高强度支撑材料和低黏度含活细胞材料。注射式的喷头设计可处理高浓度的细胞悬浮液，具有构建高细胞浓度的组织和器官的潜能。含多种细胞的细胞团在被挤出沉积后得到的细胞团聚体，在一定程度上具有了类似细胞外基质材料的力学性能和功能，因而可以作为自组装的单元在黏弹性能驱动下发生融合和自组装，形成3D结构。这种细胞团自组装打印技术对器官打印时内部血管网络的构建具有其独到之处。

二、生物3D打印的应用领域

（一）诊断与手术规划

近些年来，医学方面的3D打印技术发展主要在于继续发展医疗成像技术、开发虚拟外科手术规划工具、生产针对特殊患者的器械以及可以直接植入人体的金属植入物等。3D打印的模型提供直观的、可触摸的信息，有效地提高诊断和手术水平，便于医生与患者之间的沟通，避免了可能的医患矛盾。国内外临床医学领域已有多例借助3D打印技术进行术前规划和模拟的事例。例如2015年，美国心血管外科医生通过3D打印精细还原一例“完全型肺静脉畸形引流”的心脏模型，成功实施一个细节清晰、过程复杂的矫正手术。

3D打印还可制作精准贴合的术中导航模板，主要应用在颅颈交界、上颈椎、上胸椎、脊柱侧弯、肿瘤等手术上。临床上因为这些区域较复杂，手术风险、难度大，通过3D打印导航模板来指导手术会大大增加其安全性，例如华山医院利用3D打印手部手术导板实现辅助舟状骨骨折精确经皮内固定手术。

（二）个性化体外模型制造

牙冠、内冠固定桥金属修复体以及可摘局部义齿的金属支架等，其形状精细、复杂，要求精度误差要控制在微米级。传统的金属修复体制作工序复杂，需要数次模型的浇筑、复制，尤其是蜡型的制作只能依赖于技工手工完成，效率和精度低。为解决上述问题，近年来出现了口腔金属修复体蜡型直接3D打印成形的方法。目前，加拿大Cynovad公司用于义齿修复体数据采集和蜡型制作的Pro50数字制造系统、美国Solidscape公司preXacto系列以及3D Systems公司ProJet系列三维蜡型打印机就是其中的佼佼者。用陶瓷材料替代金属进行3D打印制作口腔修复体是该领域的主流趋势，也是21世纪牙科修复的发展方向。3D打印陶瓷修复体所采用的陶瓷材料除目前临床常用的IPS Empress铸造陶瓷和氧化铝陶瓷外，氧化锆结构陶瓷材料因强度高、韧性好而被广泛研究。例如Ebert等利用喷射喷头进行了氧化锆牙冠的直接喷墨打印成形，打印的成品陶瓷件的咬合面细节清晰，壁厚可小至100μm，强度可高达1 200 MPa。当采用多喷头打印，还可以成形具有空腔结构的整个牙冠和支架。

基于3D打印技术的假肢制造也为截肢者和医生带来了全新的高度定制化。例如，Bespoke公司采用3D打印技术设计制造假肢，通过对患者“健康”的腿和他们目前假肢的扫描，并进行扫描数据建模来确定肢体能够保持身体对称，从而打印出与患者的身体和生活方式充分吻合并迎合审美的假肢。

（三）个性化植入体制造

目前，国内外已有报道开始临床使用的3D打印植入体仍多应用于硬组织和关节替代或修复。通常骨内植入物刚度过高会产生应力遮挡，自体骨与原松质骨得不到合适的力学刺激，从而引起植入物的松动；而刚度过低又会使植入物断裂，欠缺力学强度。利用3D打印技术能通过不同人的骨模量来制造个体化植入物，各种生物力学均与人体相近，因而具有广阔的应用前景和传统技术不可比拟的优势。更具体地来说，3D打印的人工骨在组成、形状、结构等方面可控，与病灶或缺损能够准确匹配，产生与人体组织相似的生物学特性，有效避免了并发症的出现，如植入物的沉降、塌陷甚至临近组织的退变。3D打印的人工骨可以制作丰富多变的孔隙结构，使得打印骨与自体骨通过孔隙牢固结合，极大地缩短了康复时间。北京三院的刘忠军等率先尝试了在颈椎、脊柱原发恶性肿瘤患者体内直接植入3D打印的人工椎体和人工骨骼，取得了比较不错的效果。该团队在2016年成功为一名骨科脊索瘤患者切除五节段脊椎肿瘤，并利用世界首个3D打印多节段胸腰椎植入物完成长达19 cm大跨度椎体重建手术。

从材料上来说，金属钛、生物陶瓷及其复合材料，尤其是功能性梯度材料都可以3D打印制作骨植入物。3D打印通过对多种材料的组合，对于构成的局域要素（如组分的组成和分布、微结构、孔隙率、物性参数）的控制，乃至在多个特定方向上材料功能及特性的（准）连续性变化，可充分满足工件各部位不同的特性要求。例如，常见牙种植体要求由生物金属（Ti或不锈钢）和生物陶瓷（HA）组成，体部即下端100%金属，台部即上端100%陶瓷，而两者之间沿种植体垂直方向具有连续的梯度成分变化。3D打印个体化的钢板、钢钉等内固定物一直被设想，但是由于工艺和技术上极大的困难目前仍未见报道。

除骨内或关节植入体外，美国密歇根大学于2013年运用3D打印技术制造了用于治疗气管支气管软化症的夹板，成功挽救3名婴幼儿的生命。该夹板采用可随时间变形的PCL材料，能够被人体吸收并再生出相关组织和细胞。

（四）再生医学

传统组织再生和损伤修复的方法包括了自体移植、异体移植与人工合成产品的替代3条途径。然而，来源有限、免疫排斥、生物相容性差等问题极大地制约了这些方法的应用，难以真正达到修复或长期替代的效果。组织工程技术适时出现，给组织再生与修复带来新的生机。常见基于生物材料支架的组织工程方法原理是，在体外要首先制作模仿组织器官形状结构的多孔支架，然后再结合种子细胞形成复合物植入体内进一步增殖、分化。其中，多孔组织工程支架的制作是至关重要的一步。

组织工程用支架是一种多孔隙三维结构体，它要求有合适的孔隙尺寸和高连通的孔道结构，以提供细胞足够和连续的生长通道，同时也保证了水分、无机盐、营养物质和排泄废物的流通。很多已经发展的支架制备方法有溶液浇注、颗粒滤取法、气体发泡法、纤维编织法等，但这些方法的共同问题是难以对支架孔隙的形状、大小、连接形态、空间分布等进行有效的精确控制，不足以满足组织工程对支架的复杂结构要求，不能使不同细胞在支架的空间结构中准确定位等。3D 打印技术的高度灵活性和可定制性恰好能够解决上述问题，并且在材料打印同时可将各种生长因子、蛋白质乃至细胞混合至支架结构中。因此，3D 打印在组织工程技术尤其是组织工程用支架构建上体现出无可比拟的优势。

目前，3D 打印技术应用于组织工程再生、修复的组织包含骨、软骨、神经、肌肉、血管等，并且已经取得了较为理想的研究成果，对临床应用展现出极大的潜力。

1. 骨修复

骨组织修复支架的 3D 打印是目前研究深入、发表成果最多的生物 3D 打印应用，不同结构与组成的骨修复支架被打印出来。例如，Castilho 等通过挤出式 3D 打印制备了孔径在 100 ~ 1 000 μm 范围内可精确调控的 TCP/HA 复合陶瓷支架，准确度可达96.5%。Serra 等采用 PLA/ 磷酸钙的有机无机复合材料，以挤出 3D 打印方式制备了四方和双层交错结构的多孔支架，研究结果表明结构上细微的差异就能导致迥异的生物力学性能。Almeida 等按照同样的打印参数分别 3D 打印了 PLA 和壳聚糖支架，在植入家兔体内后考察了两者的免疫应答与炎症反应情况，结果与支架的组成和结构均息息相关。Jakus 等采用挤出式 3D 打印制备含有 90%HA 和 10%PCL 或 PLGA 的弹性人工骨，弹性应变达 32% ~ 67%，弹性模量 4 ~ 11 MPa 可调；植入老鼠体内 35 天后的生物相容性良好，8 周内新骨生成，体内实验没有显示负面的免疫反应，血管生成并与周围组织很好地结合。Tumbleston 等在 Science 发表封面文章，介绍了一种革命性的 3D 打印技术——连续液面生产技术，这项技术成千倍地提高了传统 3D 打印的速度和精度，因而对复杂且细节丰富的组织修复支架的打印具有十分明显的优势。

2. 软骨修复

软骨组织的自我再生和愈合能力有限，结合支架材料、干细胞和相关因子的组织工程技术是目前最具潜力的软骨缺损修复手段。Lee 等通过混合打印技术，以 PEG 作为支撑材料，能够打印具有复杂外形的软骨修复支架特殊结构，如碗状、倒金字塔状等，因而可直接用于耳朵、鼻子等软骨组成器官的修复。另外，软骨细胞、脂肪细胞同时与材料进行打印后，体外培养显示出良好的存活率以及成软骨和成脂肪性能。

用于打印软骨修复支架的生物材料目前常为海藻酸盐、壳聚糖、透明质酸等生物相容的水凝胶，但是水凝胶材料缺乏较高的机械强度，真正实现应用具有一定的困难。Hutmacher 等结合熔体静电纺丝和 3D 打印技术，制备出了超细纤维网络增强的蛋白聚糖水凝胶，具有与人类膝关节软骨类似的强度和韧性。这种增强水凝胶可以很好地支持人类软骨细胞的生长和软骨三维组织的形成，因此有望用于乳房组织和心脏瓣膜组织的重建。Hung 等合成了水溶性 PU 弹性纳米粒子并与透明质酸混合打印多孔支架，而且还可在支架打印过程中添加生物活性分子或替代小分子药物。该支架可以实现活性分子的持续可控释放，诱导 MSCs 细胞向成软骨方向分化并抑制新生软骨过度生长，能有效地修复兔子关节软骨缺损。

3. 神经修复

运用组织工程手段进行神经再生的过程中，仿生支架的结构和组成可构建出具有不同动态功能的细胞微环境，进而影响到体内神经干细胞（NSCs）的命运。通过 3D 打印技术灵活打印不同结构支架，可模拟细胞外基质并满足神经再生和修复的支架结构要求。Wüst 等通过不同 3D 打印路径在长方体支架中分别构造出了 L，T，S，U 和 X 形通道，系统研究了各种通道曲线上的材料聚集情况、神经干细胞在不同形状的凹槽和通道内具有的迁移、增殖和分化特性，为阐明神经修复机制提供技术基础。Wong 等研究了支架内部结构对大脑皮质损伤修复的影响。以聚己内酯为材料，3D 打印了内部含有纵向微沟单向通道及水平与垂直方向正交叉通道的圆柱体支架。

另外，3D 打印定制硅胶导板可以应用于帮助受损的复杂神经再生其感觉和运动功能。通过 3D 打印设计定制导板，赋予导板物理和化学诱导因素（包括沟槽设计和生物化学组份的添加），已成功应用于老鼠的坐骨神经结构缺损修复，促进了其运动和感觉神经的再生。

4. 心血管修复

3D 打印技术在心血管研究和应用方面具有重要价值。目前在组织工程心肌、组织工程心脏瓣膜、组织工程大血管及血管网的构建上都已取得了突破性进展，3D 打印方案也逐渐完善，其应用已从实验室研究走向临床应用。

心肌组织：Petrochenko 等采用激光烧结 3D 打印技术，使用生物可降解脲烷和丙酸盐基材料打印出心肌组织材料，材料表现出良好的可塑性、弹性及生物活性，有利于骨髓干细胞生长。Pati 等采用液滴材料，3D 打印出质地与大脑脂肪类似的网状细胞外基质，打印的液滴大小约与 5 个心肌细胞相当，因此打印出的组织结构整体性和精细度大大提高。

血管：构建大血管与毛细血管也是组织工程中的重要方面。大血管可提供管腔结构，血液通过管腔结构运输至靶器官。毛细血管的构建能改善血液微循环，更好地实现血细胞的功能。Lee 等以水凝胶、胶原和脐带静脉血内皮细胞为材料，3D 打印出直径为 1 mm、长 5 mm、具有血管动力学特性和功能的微血管床模型。经过研究结果表明脐带静脉血内皮细胞可自然生长和增殖，并形成血管分支结构，实现小血管微循环、靶器官的血液供应等功能。Miller 等利用可去除的糖玻璃为原料进行 3D 打印纤维网络支架，可用于进行血管内皮细胞的灌注以形成血管网络。Zhao 等以 3D 打印技术构建具有内连接通道的生物降解聚合物骨架结构，再将脂肪干细胞引入骨架结构，诱导脂肪干细胞分化成为内皮细胞和平滑肌细胞，从而形成血管。

多样化心脏瓣膜：Lueders 等以心脏半月瓣为模型研究了其在 3D 打印中的热力学、材料学特性及移植细胞的功能，发现 3D 打印构建心脏瓣膜的主要影响因素取决于瓣膜骨架材料和种子细胞种类。其中，瓣膜骨架材料的韧性、耐久度等达到长期的心脏瓣膜活动时具备的功能结构。所以，与 3D 打印血管结构相比，心脏瓣膜的 3D 打印在材料和打印方式上均有较高要求。

（五）个性化药物缓释装置

为克服传统药剂效率低下、副作用大、作用时间短等缺陷，缓释型给药系统近年来受到广泛关注。缓释药物系统指的是通过一定方法控制药物释放的时间、速度和位置，改善药物在体内的释放、吸收和分布代谢的过程，从而达到延长药物作用、减少药物不良反应的一类药剂。美国麻省理工学院基于 3D 打印技术，提出了一种层层铺粉、喷墨黏结的 3D 打印药片制剂的方法获得可控缓释药物的系统。由于 3D 打印成形的高度灵活性，喷墨过程及参数可以随意控制，不同组成和类型的材料可以通过不同喷头打印，因此可以很容易地控制局部材料组成、微观结构和表面特性，从而精确控制药物释放行为。目前常见的 3D 打印缓释药片有多层片、多腔室、核壳结构、包裹结构等类型，药剂偏差量小于 1%。

植入式的药物缓释系统进一步改善单纯口服缓释片剂不能靶向给药的缺点，能做到通过手术植入或注射等手段直接导入病灶部位，从而实现定位给药，植入局部药物浓度高，而进入血液的药物浓度低，减少用药次数和用药量。目前，3D 打印可降解材料制作植入式药物制剂是主要方向。Huang 等采用聚乳酸 3D 打印了庆大霉素的植入式药剂，聚乳酸的不断降解使包藏的药物得以逐步完全释放。与传统的溶剂浇注压制法相比，3D 打印制剂的初始爆发释放量低，缓释过程中维持释放浓度更平稳。Wu 等

3D 打印了具有多层结构的载药聚乳酸植入式支架，植入家兔体内的药物释放研究表明，各层结构中的药物可以分阶段控制释放，极大地避免了全身用药而导致的毒性。朱钰方研究团队通过材料表面化学改性，利用 3D 打印有机无机复合支架，在实现骨修复支架构建的同时，获得了抗生素、DNA、地塞米松、DMOG、阿霉素等多类型多尺寸药物分子的局部缓释和控制释放。

（六）肿瘤治疗

3D 打印技术目前对肿瘤诊断和治疗的意义主要在于体外肿瘤三维模型的构建。早在 2003 年，Cho 等报道，乳腺癌细胞在 3D 环境中通过合适的诱导因子添加可恢复到良性细胞的状态，而这是在 2D 平面培养中无法实现的。因此，构建 3D 体外肿瘤模型对于肿瘤诊疗的研究具有重要的意义。Zhao 等运用自主开发的细胞 3D 打印技术，在世界上首次构建出由明胶、藻酸盐和纤维素组成的 Hela 细胞的体外三维肿瘤模型。与 2D 培养相比，3D 模型具有与肿瘤生理环境更相似的特征，肿瘤细胞在其中表现出了较高的扩散效率，更高的蛋白表达和对抗肿瘤药物更好的抗性，进而便于研究肿瘤的发展、侵袭、转移和治疗。Huang 等采用 3D 打印技术制备了仿生支架，深入研究了良性细胞和不同肿瘤细胞在支架中的迁移情况，并通过打印不同粗细的血管网络研究肿瘤细胞在抗癌转移药物作用下的运动行为和分布。

另外，众多研究人员开始采用 3D 打印技术精确设计仿生组织药物病理作用模型，可以使人们在短时间内大规模高通量筛选新型高效药物，更重要的是，3D 打印的病理模型具有极高的可重复性，对于新型药物或者是药物输送系统的筛选测试也就具有了可靠性。近年来，Gou 等通过 3D 打印设计了一款肝组织结构药物解毒模型，受到全世界关注。

生物材料 3D 打印具有个性化、精准化生物医学应用，越来越受到重视。目前，生物材料 3D 打印研究已经在医疗与手术设计模型、手术导板、体外医疗器械，及非降解永久植入物等方面取得重要进展，并已经开展临床应用。但是生物材料 3D 打印更为优势的应用，应该向可降解组织工程支架、3D 打印体外仿生三维生物结构体、器官及器官再生等领域发展。个性化可降解的组织工程支架将为包括骨 / 软骨组织、皮肤组织等修复提供新的途径；生物 3D 打印体外仿生生物结构体的研发对短时间大规模高通量的新药筛选具有重大价值；生物 3D 打印器官再生如能实现，对器官移植具有深远意义。另外，由于 3D 打印机的局限，目前合适的 3D 打印生物材料有限，质量也有待于进一步提高。因此，3D 打印生物材料问题的解决才能助力生物材料 3D 打印技术的临床应用，从而造福人类。

第四节 3D 打印建筑技术与材料

3D 打印技术（3D-printing）作为一项新兴制造技术，在 20 世纪 80 年代后期迅速兴起。3D 打印又称增材制造（Additive Manufacture，AM），是一种运用计算机全自动控制建造过程的新兴技术，在数字模型的基础上，逐层打印构造三维实体的快速制造工艺。其技术原理为离散—堆积原理。无论是国内还是国外，近些年来，3D 打印成为热门话题，引起越来越多国家学者的重视。

一、3D 打印建筑技术的发展与优势

随着 3D 打印技术的不断发展，各行各业都在积极开发 3D 打印。汽车、机械工业、航天航空、生物医疗及建筑业等领域的专家学者都在积极着手研究 3D 打印技术的应用。其中 3D 打印技术在建筑行业的应用虽然也在逐步增多，但是发展比较缓慢，仍处于初级阶段。

3D 打印建筑实体，首先需要在计算机中绘制建筑的三维立体模型，然后连接特制的打印机，并在打印机中加入打印建材，计算机控制打印喷嘴按照设计好的三维模型逐层打印，最终完成一个独立完整的三维立体建筑实体。目前应用在建筑领域的增材建造技术主要有：美国南加州大学 Behrokh Khoshnevis 提出的轮廓工艺（Contour Crafting），Monolite UK 公司 Enrico Dini 发明的 D 型工艺（D-Shape），英国拉夫堡大学 Richard Buswell 提出的混凝土打印（Concrete Printing）和由麻省理工学院 Gershenfeld 教授提出的数字建造技术。

与传统的建筑过程相比，3D 打印建筑技术极大程度上实现了绿色节能、低污染、低劳动强度的现代文明生产施工方式。具体表现为：

1）施工效率提高，大幅缩短工期。

2）劳动力投入降低，减少了人员伤亡的概率，促进施工现场安全管理。

3）施工现场的粉尘和噪声减少，避免对环境造成污染。

4）建筑方式与类型更加灵活，施工精度提高，更易实现建筑的艺术性。

5）减少对建筑模板的依赖，降低材料浪费，提高了资源的利用率。

6）机械化生产，会大大降低建筑生产成本。

二、3D 打印技术对建筑材料的要求

（一）强度要求

建筑材料强度的高低，决定了建筑的高低。由于 3D 打印建筑采用的是分层制造，以逐层叠加的方式形成三维实体，所以有可能存在先天的密实度缺陷，使其不是以达到传统方法制作的结构构件的强度。因此，打印材料应具有较高的强度，应对其强度进行严格控制。

（二）可挤出性与流动性要求

3D 打印过程中，打印材料是通过喷嘴挤压而出的，为了保证打印的连续性，这就需要打印材料有良好的流动性和可挤出性。

（三）凝结性要求

在连续挤压打印过程中，先打印的图层不能因自重而产生严重变形，应保证在一定堆砌高度时，下层图层能较好支撑上层图层，避免发生结构变形甚至坍塌，所以打印材料的流动性也不能过大。为了保证 3D 打印建筑过程的连续性，混凝土的硬化时间在计算机程序的操控下，有严格的要求。

（四）经济性要求

建筑 3D 打印材料在性能方面除了要满足现有标准下建筑物对承载力和耐久性的基本要求之外，从经济性和环保性能方面来说，它还应该满足成本低、易于就地取材、绿色环保等要求。只有这样才有利于 3D 打印建筑技术的推广和使用。

三、目前常用的 3D 打印材料

3D 打印技术中，打印材料的研发是重中之重。发展 3D 打印建筑技术，首先要发展打印材料。建造宜居的 3D 打印建筑，一般都是采用巨型打印机利用逐层喷射粘性沙土或者混凝土的方法建造，然而目前 3D 打印建筑所采用的材料还不成熟。国内外一些学者对 3D 打印建筑材料展开了初步研究和开发，如：荷兰的专家曾研究应用塑料及树脂类的材料；美国学者则采用混凝土类、树脂砂浆类、粘土类作为 3D 打印材料；英国拉夫堡大学研究者 T.T.Le. 等，专注于打印所需混凝土材料的性能。

其中，水泥基材料更能满足 3D 打印建筑材料强度、流动性，凝结性和经济性要求。不仅有较高的早期强度，较快的凝结时间，同时兼备有适当的流动性及较高的可塑性。下面以四种常见的水泥基 3D 打印建筑材料为对象，进行简要分析。

（一）硅酸盐水泥基 3D 打印材料

普通硅酸盐水泥是一种水泥胶凝材料，由硅酸盐水泥熟料，5% ~ 20% 混合材料和适量的石膏制成。作为传统建筑制造中用量最大的建筑材料，硅酸盐水泥具有强度高、水化热大，抗冻性好、干缩小，耐磨性较好、抗碳化性较好、耐腐蚀性差、不耐高温的特性。其在新兴的 3D 打印建筑领域也是主要原料之一。但由于硅酸盐水泥凝结时间长，水化较慢等特点，会对打印混凝土工程的连续性造成负面影响，因此需要在硅酸盐水泥中添加一定量的助凝剂加快其水化和凝结。

（二）硫铝酸盐水泥基 3D 打印材料

硫铝酸盐具有高强度和早强的特点，养护 3 d 就可以达到同级硅酸盐水泥 28 d 的强度。克服了一般水泥水化时间长，冷凝硬化速度慢，不能够满足 3D 打印的缺点，硫铝酸盐可以在最短的时间内以最快的速度凝固和硬化。然而，其施工成本略有增加。可以将硫铝酸盐水泥与普通硅酸盐水泥混合，以期调节其早期水化速度和早期强度，作为建筑 3D 打印材料使用。

（三）磷酸盐水泥基 3D 打印材料

磷酸盐水泥主要分为两种：磷酸镁水泥和磷酸钙水泥。作为一种气硬性胶凝材料，它具有早期强度高、凝结时间短（1 min ~ 10 min）、黏结强度高等优良特性，且其流动性也能满足 3D 打印材料的要求。通过调节磷酸盐水泥中缓凝剂的用量，可以实现打印过程中下层图层在上层图层打印前刚好凝结硬化，精准控制其凝结时间。因其具有良好的力学性能和较好的生物相容性，磷酸盐水泥在 3D 打印领域具有广阔的发展前景。

（四）地聚合物水泥基 3D 打印材料

地聚合物是利用烧黏土（偏高岭土），Si，Al，O 等硅铝质原材料经过碱激发而形成的一种新型的无机聚合材料。具有早期强度高，凝结时间快，耐久性良好等特点，但是其本身不具有通过 3D 打印喷嘴的流动性。研究人员为了改变它的流动性，尝试在地聚合物中加入氧化石墨烯。实验研究结果表明：石墨烯氧化物的加入可以非常明显地改变地质聚合物的流变性，并保持原有的良好力学性能，更好地应用在 3D 打印建筑中。

四、3D 打印技术的发展研究方向

处在不断发展和进步的现代社会中，人们的环保意识越来越强，对于绿色居住提出了更为严格的要求，3D 打印建筑技术的出现恰好符合人们对环保的追求，这就是为什么新型 3D 打印建筑技术的发展会受到广泛的支持。但是，由于其发展和实际应用时间短，作为一种新型建造技术目前正处于研发试用阶段，在某些方面还需要不断地研究和改进。

（一）研发高性能 3D 打印材料

受到打印材料的影响，国内外现有的 3D 打印建筑多为中低层，无法满足高层建筑的要求。应进一步研发抗裂能力更强、抗拉强度更高和塑性更加良好的复合材料。另一方面也可以向混凝土基材中加入细骨料和纤维材料，提高其抗裂、抗拉强度和其他各项性能指标，获取高性能 3D 打印材料。

（二）将 BIM 技术与 3D 打印建筑技术融合

BIM 技术在传统建筑产业发挥了巨大的作用，具有广阔的应用前景。如果能够利用计算机将 BIM 技术与 3D 打印技术相结合，将有利于 3D 打印建筑过程的全方面管理，进一步提高生产工作效率，提高企业的竞争优势，所以寻找 BIM-3D 技术在建筑行业的契合点，发挥双方的优势，也是一个重要的研究方向。

（三）提高 3D 打印建筑的打印精度

目前建筑业普遍都是大型工程结构的建造，3D 打印建筑精度问题备受关注。应从建模、计算机数据编程、材料编制、打印材料制备、打印设备工艺参数设置以及后期处理等方面着手，提高 3D 打印的精度，所以需要对 3D 建筑打印配套设备不断改进，在满足现有建筑物的尺寸公差的要求下，应尽量考虑实现大型工程的建造。

在建筑行业，3D 打印技术仍处于初步阶段。虽然在各类建筑物结构形式中大规模使用 3D 打印建筑技术还有很多问题亟待解决，但是，3D 打印建筑技术采用一种全新的设计逻辑和建造模式，将建筑形式、建筑结构和建筑材料高度整合，体现出的是一种未来数字设计建筑模式下的建筑生态关系。毋庸置疑，3D 打印技术会对未来建筑产业的发展产生重大而深远的影响。

第五节　3D 打印新型高聚物材料

3D 打印广泛应用于机械制造、航天航空、生物医学、文学艺术、军事、考古、首饰、建筑和影视等诸多领域，已不再是未来黑科技，而是当下被广泛应用的一种工艺。3D 打印概念从 20 世纪 90 年代开始推广，目前到了实际应用的高速发展期。知名市场研究机构 Marketsand Markets 在其研究报告《到 2023 年全球共有 3D 打印市场预测》中明确指出，2023 年全球工业 3D 打印市场总值将达 56.6 亿美元。除了金属、陶瓷等 3D 打印材料外，高分子聚合物 3D 打印需求也将有较大增长。2015 年国务院颁布的《中国制造 2025》中提到，需要推动诸多新兴领域的技术突破，其中，3D 打印被放在了第一位；而这份文件是规划未来十年中国制造业发展的重要文件。由此可见，持续跟踪 3D 打印技术及其耗材具有非常重要的现实意义。

3D 打印技术其前身即为起源于美国的快速成型（rapid prototyping）技术，属于增材制造技术手段，利用了离散和堆积原理，借助于计算机形成零件模板，将其切成一定厚度薄片，在 3D 打印设备中按照设定规律堆叠出三维的零件。其优点是无须借助工具或模具，就能完成传统技术无法实现的工艺，简化生产工序，有效控制生产周期，所以，具有小批量、快速、灵活的特点。3D 打印的关键技术有熔融沉积成型（FDM）、光固化立体成型、分层制造技术、电子束选区熔化、三维打印等十余种工艺方法。3D 打印与传统的工艺没有冲突，而是一种补充，可以生产一些传统工艺无法实现的产品，同时能够大大地缩短产品制作周期。

在各种打印材料中，有高分子聚合物中的热塑性聚合物，因其在相对低温下的热塑性、良好的热流动性和快速冷却连接性，或者是在其特定条件下，打印材料能够快速固化的能力，因而成为最常见的一类 3D 打印材料，其中，聚乳酸（PLA）、聚碳酸酯（PC）、丙烯腈 - 丁二烯 - 苯乙烯共聚物（ABS）、聚酰胺（PA）、聚己内酯（PCL）、聚苯乙烯（PS）、聚苯砜（PPSF）、聚醚醚酮（PEEK）、热塑性聚氨酯（TPU）等是常见的 3D 打印用热塑性聚合物。综上所述，3D 打印已经成为塑料的一种重要成型方式。在对高聚物的新型 3D 打印用材持续跟踪的基础上，下面对这两年跟踪到的情况进行介绍，重点介绍高聚物在 3D 打印材料中的应用。

一、高聚物的新型 3D 打印用材

沙特基础工业公司重点开发使用了添加剂的 3D 打印材料，并使 3D 打印材料性能得到有效提高，可以满足一些对于材料性能有较高要求的特殊行业，如航空航天、医疗保健等；同时，公司还致力于开发选择性激光烧结（SLS）、FDM、熔融长丝制造（FFF）及大幅面 3D 打印增强材料等。沙特基础工业公司开发的 FDM 线材新材料，以公司已有的 LEXAN EXL PC 为基础树脂，与硅氧烷共聚后制得，其冲击强度可达 PC 材料的 4 倍；为验证其大尺寸 3D 打印材料的性能，公司打印了游艇的船体部分，船体内部支架用碳纤维增强聚醚酰亚胺（PEI）打印，外壳用碳纤维增强聚苯醚（PPE）打印。

VELOX 公司与 SK 化学公司合作，推出了主要用于 3D 打印材料的 Skyplete 系列塑料新产品 EN100 以及 E 系列 PLA/ 聚酯共聚材料，其中，EN100 是一种 PLA 基的可生物降解塑料，耐热温度（HDT）为 100℃。E 系列 PLA、聚酯共聚材料具有比 PLA 和 ABS 材料更好的耐温性和更高的抗冲击性，并且结合了 PLA 和 ABS 两种材料的优点，具有气味小、良好的层间附着力等特点，可以应用于食品包装领域。Skyplete 系列新产品是长丝制造商的理想选择，是 VELOX 公司为长丝生产商提供独特的 3D 打印系列材料，耐温性能更好，抗冲击性和成型产品性能均得到提高。

赢创公司开发了聚醚嵌段酰胺（PEBA）粉末3D打印材料，商品名“PrimePart ST”，该粉料适用于高速烧结（HSS）、激光烧结（LS）或黏合剂喷射技术等多种粉末基3D打印技术。在-40～90℃内，该粉末表现出优异的耐候性和耐化学性、高弹性、高强度。优化后的柔性合成粉可应用于EOS公司的激光烧结系统中，并且非常适合于制造高科技的功能性3D塑料零件原型及系列产品。该材料是世界首创，具有极高的弹性和强度。材料具有多样性，不仅能够生产单个的高科技功能部件，还能够开发出可利用尽可能多品种的材料制造更复杂3D产品的制造构想。

惠普公司开发3种新的3D打印材料，能够回收高达80%的剩余粉末。第一种是PA11，其抗冲击强度和韧性极佳；第二种是PA12填充玻璃珠，可以低成本制造对刚度有较高要求的部件；第三种是聚丙烯，此款材料成本低，零件质量轻，并具有良好的耐化学性。未来，惠普的3D打印材料开发目标是增加更多的PA材料、更多品种的填充级材料和更多的高性能材料。惠普公司目前正在与超过50家材料公司合作，包括陶氏和帝斯曼公司。

ELIX Polymers公司开发了2种适用于Ultimaker 3D打印设备FDM应用的新牌号ABS。2种新的ABS牌号分别是ELIX ABS-3D FC和ELIX ABS-3D HI。ELIX ABS-3D FC已通过医疗和食品接触应用认证，符合确定生物相容性的IDO 10993—1和USP VI级标准。ELIX ABS-3D HI是一种高抗冲ABS级别，密度低于ABS/PC共混物，使得新牌号特别适用于汽车轻量化。

美国能源部橡树岭国家实验室合成了木质素/PA复合材料，是一种可用于3D打印的新型材料，该发明既有效降低产品成本，又开发了木质素新用途。木质素来源广泛，基本上是存在于植物细胞壁内的，使植物能够刚性站立，通常是通过生物质提取，也是生产生物燃料的副产物。与ABS材料不同，木质素很容易炭化变焦，若长时间暴露于高温下，会因黏度显著增加导致材料特别难以挤出；只能加热到一定温度，软化后从3D打印喷嘴中挤出。但将木质素与PA混合后发现：室温下，与PA的拉伸强度相比，木质素/PA复合材料与其相似，其他表征如刚度增加，熔体黏度降低，黏度甚至比ABS或高抗冲PS更低。在使用高级别显微镜来探索其分子结构时可以发现，PA和木质素的组合能够对复合材料起到润滑或塑化的作用。研究还发现，若是将硬木木质素（熔体稳定）与碳纤维和低熔点PA相结合，则可以合成出另外一种新的复合材料，能够在木质素基打印材料方面取得新成就，新材料中木质素的质量分数可高达40%～50%；若在混合材料中添加质量分数4%～16%的碳纤维，那么利用合成出的新复合材料打印出的部件将更加坚固，并且打印材料更容易被加热，熔体流速变得更高，可取得打印速度更快的效果。另外，在打印过程中，该复合材料表现出了较好的挤压特性、优异的力学性能和层间焊接强度。目前研究者正在对木质素/PA复合材料进行专利申请，并持续改进和优化材料性能及加工方法。

二、致力于高聚物 3D 打印的著名企业动态

陶氏有机硅公司和 RepRap 公司（德国 3D 打印机制造商）开发了用光学级液体硅橡胶（LSR）进行 3D 打印的系统，被称为液体添加剂制造技术（LAM）。该系统将液体 A 和 B 组分（保持 1 ∶ 1 的质量比）从 2 个加压管注入泵中。该泵在 x-y 运动控制下喂入头部，类似于 FDM 或 FFF 式 3D 打印机。该系统沉积层厚度为 0.20 ~ 0.35 mm，这些沉积层完全由加热灯固化，一次完成一层，它能够以 10 ~ 150 mm/s 的速度打印。该系统使用陶氏 Evolv3D LC 3335 LSR 材料，生产邵氏硬度为 44 的材料不需后固化，邵氏硬度为 46 时则需要后固化。陶氏还正在开发其他的 LSR 等级。

惠普公司新开发的 Jet Fusion 3D 4210 将工业级大规模 3D 打印的盈亏平衡点提高到了 11 万个，而之前的 Jet Fusion 3D 4200 只有 5 万个。Jet Fusion 3D 4210 在软件和硬件上都进行了升级，可提高生产率，降低总体经营成本，其制造单个零件的成本达到了行业最低值，用户能够以低于其他 3D 打印工艺 65% 的成本进行单个零件的批量生产，打印速度比其他方法快 10 倍。惠普公司希望通过继续压低成本，将盈亏平衡点提高到 100 万个，实现这一目标的关键是要降低打印用热塑性粉末原料的成本，惠普公司已开发了与阿科玛、巴斯夫股份公司、赢创工业集团、汉高公司、莱曼 & 沃斯公司、中国石油化工股份有限公司北京燕山分公司等原料生产厂家的合作伙伴关系，最近增加了 2 个新合作伙伴：一个是 Lubrizol 公司，利用其生产的产品 TPU 弹性体，建立 Jet Fusion 新材料生产线；另一个是 Dressler 集团，是一家专门从事化工产品研磨和精炼的企业。

EOS North America（EOS）公司推出泡沫材料 3D 打印应用技术，使用 TPU 或 PEBA 等柔性聚合物材料，允许微调每个体素（体积像素），以获得优越的舒适性、安全性等。EOS 组建增材思维应用工程团队，推出了 Digital Foam 计划（Digital Foam 源于一款功能强大的工程软件），解决客户可能遇到的诸多变化因素或问题，将客户的创意快速转化为实际产品，降低 3D 打印弹性泡沫推向市场的难度，实现计算机辅助设计（CAD）、材料、零部件验证和增材制造等环节的有机融合，为客户提供一条快速生产 3D 打印保护性头盔、个性化矫形器（如矫形鞋垫等）或高性能鞋具等数十种应用的捷径，改变了采用传统工艺时的劣势，如过程异常烦琐，需要经过复杂的工程设计和较长的生产周期。该项目加速了 3D 打印技术的市场应用，使得弹性泡沫等柔性材料在 3D 打印中的应用成为可能，并使产品性能更为出色，例如制造的头盔不仅更安全，而且质量更轻、更舒适。

除此之外，一些著名化工公司也积极行动，在进行上下游合作和品牌推广中，选

择强强合作模式，企图占据3D打印市场。德国瓦克化学开发出使硅胶成为3D打印材料的技术，成功占据诸如眼镜、医疗、汽车零部件等行业的3D打印市场；同时开发出适用于此类材料的专业硅胶3D打印机。美国伊士曼化学公司与荷兰HelianPolymers公司（3D打印设备制造商）合作，开发的桌面级3D打印机线材具有环保、美观、性能优越的特征；又与另外两家著名3D打印线材与设备商合作，研发全新线材产品。德国巴斯夫公司与生物打印公司Poietis合作，完善巴斯夫公司的3D打印皮肤模型，并改进其生物3D打印技术；收购荷兰3D打印材料商Innofil3D，法国在线3D打印服务商Sculpteo，还有另外两家欧洲材料公司Advanc3D Materialshe和Setup Perfoormance，丰富了自身产品种类与组合，以材料与技术兼顾道路，进入3D打印市场。荷兰皇家帝斯曼公司与NexeoSolutions公司（著名化工产品经销商）合作，从原材料提供商成为专业材料制造商，直接向3D打印终端客户提供3D打印线材，扩大了对产业链的控制权。

3D打印技术是一种先进的制造技术，具有小批量、快速和灵活的特点，为了给产品制造提供了一种新的方法，满足个性化需求，具有较广阔的应用前景和良好的市场前景。

近几年来，国外3D打印材料科学仍旧保持着较快地发展，一批新型高分子聚合物的3D打印材料推向市场，新型打印材料有着十分明显的优势特征，在确保材料可加工性的同时，兼顾了材料本身的力学性能、热稳定性和耐候性等性能。

国际上数家知名化工公司积极介入3D打印业务，并采取了积极谨慎战略，最初大多选择与业内已取得成功的材料商与设备商合作，以便首先进入3D打印市场；随着其产品与专业技术能力提升，逐渐但却是深刻地影响着整个产业的格局。

第五章　3D 打印技术的创新研究

第一节　互联网 +3D 打印技术

随着互联网技术的不断发展，社会逐渐进入到了一个智能制造的时代，3D 打印技术则是制造业和互联网技术的有力融合，是一种新的制造技术，更是一种全新的制造理念，通过增材制造的方式转变了以往建材制造的模式，有效地降低了资源浪费，提升了制造效率。通过将 3D 打印技术应用到高校课程中，能更为直观地让学生理解所学内容，提升育人效率，对提升我国的人才培养水平有不容忽视的重要作用。

3D 打印技术，也被称为快速成型技术，当然有的学者或者专家也称之为增材制造技术。该项技术手段的主要是在数字模型文件的基础上，借助金属粉末、塑料等材料，在黏合的作用下，通过一层层的打印来构建出物体结构的技术手段。

3D 打印技术并不需要像传统的模具制作一样，利用各种机械设备进行加工，而是一个有虚拟数据直接过渡成各种形状的零件的过程中。3D 打印技术的优点就在于打印产品的形式多种多样，及时是打造较为繁杂的产品，那么所用的材料成本也不会大幅度增加。3D 打印出来的实体模型也不需要进行组装、黏合等。所以，可以看得出来 3D 打印技术具有成本低、设计空间无限、没有副产品、实体模型准确等特点。目前，在科研领域或者模型、零件等制作领域，该项技术的使用已经十分成熟，极大地提高了生产效率以及使用效率。

一、技术教育领域应用的 3D 打印机

在高校教育领域比较常见的 3D 打印技术主要有立体光固化成型法、选择性激光烧结法、分层实体制造法、熔积成型法这几种方法。其中，最后一种的熔积成型法是在教育领域的应用型最为广泛。

熔积成型法制做出来的实体也是三维立体模型。制作过程中主要运用的是一些丝状的材料，例如：石蜡、金属、塑料以及一些熔点相对较低的合金丝等。在电加热的方式下，这些丝状材料达到了熔点，然后在计算机的精准控制下，依照虚拟的三维模

型界面轮廓信息，喷头沿着横纵两个方面进行平面运动，将融化的丝状材料有针对性地平铺在工作台面上，在快速冷却之后便可以迅速形成实体模型。不断重复这个融化、喷出、冷却、沉积的这个过程，三维实体模型便能够呈现出来。

目前熔积成型法主要具有以下几个特点：首先，就是制作使用的原材料相对丰富，无论是在搬运还是更换等方面，都是非常方便的。其次，原材料的使用成本相对较低，而且利用率十分的高。最后，就是成型之后的实体模型其强度高、精度高、干净、安全。正是因为这些有点的存在，在教师以及实验性中进行使用是比较安全的。

二、3D 打印技术在创新创业教育中的应用价值

（一）3D 打印技术概述

简单来说，3D 打印技术是一种快速成型技术，它以数字模型文件为基础，利用粉末状的金属或者是塑料等为材料，通过逐层打印的方式将物体制造出来。一般来说，3D 打印技术的实现需要通过数字技术材料打印机，其被广泛应用于机械制造、工业设计等诸多领域，并取得了非常不错的实践效果。

20 世纪 80 年代末，3D 打印技术出现在美国，而后很多国家都看到了其巨大的发展潜力，开始投入重金进行相关研究。目前，3D 打印技术逐渐成为增材制造的主要形式之一，其在教育领域的应用深度、广度也有了非常大程度的提升。2015 年，我国三部委印发了《国家增材制造产业发展推进计划（2015—2016 年）》，在其中明确指出，在创新创业教育中，要加快融入 3D 打印技术。纵观国外 3D 打印技术在教育领域的研究我们不难发现，在高等教育领域，应用 3D 打印技术已经逐渐成为一个热门趋势，很多国外的院校都开设了与之相关的课程和培训，并组建了很多的学生兴趣团体，他们还通过举办各类创新创业大赛提升学生对于 3D 打印技术的理解和应用水平，培养其创新创业能力。

（二）3D 打印技术将我们引入实体模式教学时代

3D 打印技术的一大优势便是能够制造出任意形状的产品，只要我们能够在电脑上生成相应的数据模型，便可以利用机器打印出对应的产品，无论是任何复杂的机械零件还是分子结构模型，都能通过 3D 打印技术再现出来，这对增强高校课程对学生的吸引力有不可忽略的重要作用。

作为提升高校课程育人质量的重要辅助手段，3D 打印技术有效拓宽了教师的育人路径，弥补了传统课堂环境下教学设备的不足，构建了一个虚实结合、直观生动的创新创业教育环境，大力发展了学生的视觉空间能力。通过将细致、具体的模型应用到高校课程中，能在很大程度上降低高校教师育人工作的难度，极大地提升了高校生的知识探索兴趣，从而提升其对所学专业知识的认知和把握能力。

（三）3D 打印技术在高校课程的结合

通过将互联网 +3D 打印技术与高校课程结合，能大幅度提升高校课程的教育价值。3D 打印技术中非常重要的一个环节便是制作虚拟的三维模型。在这个过程中，我们需要用到多种软件工具，比如：3D MAX、Maya、Autodesk CAD 等，而后利用这些软件，将三维模型制作出来，而后将其利用 3D 打印设备制作成具体产品。此外，我们还可结合课程内容，将一些实物数据输入到电脑中，并以此为基础对 3D 打印产品的数据进行修正，保证课程所用辅助产品的数据准确性。

在打印前，我们可以对 3D 打印设备的一些数据进行设置，让产品更符合课程需求，比如：所打印物体的大小、精度等。在此过程中，有个非常关键的技术那便是绘图技术。在一些高校的机械制造专业中，会开展与之相似的课程，这些课程在内容上较为繁杂，很多学生在掌握这部分知识时，并没有主动学习的习惯，整体课程内容不够生动有趣，极大地影响了课程的育人效果。通过将 3D 打印技术应用到高校课堂中，学生能够将自己画出的机械部件制作出来，这样除了能使其更好地掌握所学知识，还能在很大程度上提升他们的学习成就感，增强学生对相应课程的兴趣程度。另外，通过将 3D 打印技术应用到高校课程中，能让学生更为直观地看到机械部件的内部结构、质量等，及时发现设计中存在的问题，有助于他们对设计内容进行进一步修改。

三、互联网 +3D 打印技术在高校创新创业教育中的应用

将互联网 +3D 打印技术应用到高校的创新创业教育中，能大幅度提升高校生的创新思维水平和实践创业能力。3D 打印技术能够让机械设备、零件的结构变得更为合理，大幅度提升产品的实用性。在同等强度的产品零件上，利用 3D 打印技术设计出的产品能大幅度降低产品重量，这对一些航空航天设备来说十分重要。例如：在我国的歼击机上，若是利用 3D 打印技术进行产品设计，能够有效降低耗材与资源消耗水平。3D 打印技术作为一种新兴的制造理念，能够有效突破传统机械制造技术中的焊接、铸造、缝合、车、削等形式。利用 3D 打印技术中的智能成型技术，能够大幅度提升课程中所用物体的多样性、复杂性，从整体上提升了课程的育人价值。

在机械制造行业，若能将互联网 +3D 打印技术应用到课程中，学生们可以将自己的创新创业想法落实下来，不用担心自己的能力不够、材料不足，他们可以自由发挥自己的想象力和创造力，而后通过电脑软件，将脑海中的想法落实到实际产品上，这样会大幅度提升其创新创业主动性，还能使其在无形中积累许多及其宝贵的经验。

四、互联网 +3D 打印技术在学生创新创业课程中的应用

现阶段，在很多高校课程中都应用了 3D 打印技术，其在学生创新创业活动中的

应用也非常广泛。在实践中，我们可以将3D打印技术渗透到学生的专业社团中，实现第一课堂和第二课堂的有机融合，让学生能够更为主动、深入、热情地对课程内容实施探究，并结合他们的个性化需求进行产品设计，开发相应的3D打印产品，进而激发他们的创新创业热情，提升育人质量。而在提到创新创业时，我们会不自觉地想到“创客”这个字。实际上，创客最早源于美国的“车库文化”，因此在美国的车库中会存放很多的工具和材料，人们通常会在车库中制作自己想要的各类东西。在《创客：新工业革命》一书中，创客的特点之一便是“不以盈利为目标”。通过引入3D打印技术，学生能利用各种开源硬件，将自己的创新创业想法落实到产品上，这也是他们实现创新创业想法的有效途径。

3D打印技术能够给学生们进行创新创业活动提供有力支持。比如：在一些高校内，部分学生会组成一个3D打印社团，他们利用自身掌握的建模知识以及对市场的洞察力，生产了非常多的产品，从小的笔筒、手机支架到人像雕塑、灯罩，都有所涉及，在这个过程中，学生的创新创业能力有了很大程度的提升。此外，还有一些人创办了3D打印技术网站，他们可以将自己的心得体会在网站上进行相互交流，分享经验，以此不断地提升自身的创业能力，还有学生将自己的3D打印产品拿到了网络上销售。

五、互联网+3D打印技术对高校创新创业课程提出新的内容

现阶段，我国的创新创业人才缺口巨大，需要各种人才推动社会进步，一些高校通过将3D打印技术应用到创新创业课程，能大幅度提升人才培养水平，使其能够跟上时代的发展步伐。但是，我国将互联网+3D打印技术应用到高校课程中，虽然已经取得了一定发展，但整体水平还较为不足，仍有一些问题亟须解决，比如：3D打印技术存在速度慢、色彩不准、打印空间限制等。鉴于此，培养一批对互联网+3D打印技术有兴趣、有基础的人才变得十分重要，实际上，3D打印技术涉及了电子、机械、材料、设计等诸多领域，这就需要高校进一步优化跨学科教育课程，实行“STEAM+3D”的育人模式，以此培养更多对社会有用的综合性人才。互联网+3D打印技术在高校课程中的应用质量会在很大程度上影响学生对相应课程的学习水平。为此，我们要不断优化3D技术在课程中的应用模式，丰富其内容以此不断提升学生的综合思维和能力，为其止后续成长为优质人才打下坚实基础。

综上所述，若想提升互联网+3D打印技术在高校课程中的应用水平，我们首先要分析3D打印技术的内涵，而后方可从3D打印技术在高校创新创业教育等层面入手分析，以此在无形中促使了互联网+3D打印技术在高校课程中的应用水平提升到一个新的高度。

第二节　3D 打印技术旅游文创产品设计

文创产品产生需要的基本要素有三：一是创意的能力，即文化基础；二是创意的动力，即创作的热情；三是创意的着眼，即了解市场需求。文化产品的内在价值无法量化，其定价比较困难；同时文创产品在使用过程中会有增值性、共享性等特点，还要注重知识产权的保护。

一、3D 打印应用于文创产业的意义和应用

（一）3D 打印应用于文创产业的意义

3D 打印技术应用于文创产业的意义主要体现在：第一，该技术能够为产品建立准确的三维数字档案。3D 技术可以高效、保真的随时随地把数字模型展现为具体实物。第二，3D 打印技术在精度、细度、效率等方面都远远超过传统制造和手工制造，可对样本进行放大、缩小、改变、复原、复制、编辑等，更为准确，可少量生产，促进交流、传播。第三，3D 打印技术更加容易实现跨界整合和创新创造，在高端产品复制和衍生品开发方面作用十分显著。

（二）3D 打印应用于文创产业的优势

3D 打印技术凭借自身的优势逐步被应用于创意产品设计、旅游文化产品设计、数字出版等行业。3D 打印技术将越来越成为自主创意设计（DIY）制作过程的工具。可以说 3D 打印给了普通人制造的能力、释放才能的机会，全民参与、全民创意、全民创造是未来发展的趋势。人们只需要把自己的创意用软件进行描绘，再导入 3D 打印机，稍加等待就可以拿到自己想要的东西。这种由基本心理需要到自我实现得以满足的过程，体验过程必定是十分愉悦的。记得导师谢彦君老师描述旅游的本质就是审美和愉悦，而融入 3D 打印的旅游文创产品恰恰承载和凸显了这一本质。

（三）3D 打印技术在旅游文创产品领域的前景

首先，我们来谈谈变化的成本。思想在变，设计也要不断推陈出新。相对于传统制造，想要产品出新、多样化，增加的成本必然会很多。然而对于 3D 打印而言，我们可以简单、轻松、随心所欲地设计新的蓝图，准备新的原材料即可。经济性是其未来发展看好的一个特点。

其次，3D 打印是一体成型的。传统的生产很大程度上依托于零部件的组装，而 3D 打印节省了劳动力、缩短了供应链，节约了成本，而且健康、绿色、环保。

再次，前面我提到的定制性，可以实现个性化定制，妙处不言而喻，这里就不再重提。从而可以推断出它被人接受程度之高的发展前景。

最后，我想说，3D 打印是可以进行现场打印的，因此按需生产可有效节省仓储成本；同时 3D 打印创意不受限制，技能要求也无须太高，只要将三维数据图导入 3D 打印机即可，必将会成为按需生产和非技能制造双重商业模式的典范。

二、3D 技术应用于东北冰雪旅游吉祥物和文创衍生产品设计

（一）旅游文创产品概述

旅游文创产品也可称之为手信、伴手礼，是一个城市（地区）特色文化的浓缩表现，是游客对异地文化解读和回忆的城市文化产品的总和。

旅游文创产品分类并无统一标准，归纳起来可大致分为两类。一是陈设类，根据文化元素设计的图像形式的挂件和工艺品摆件，如吉祥物、娃娃等；二是日用功能类产品，如扇子、书签、学习用品、钥匙扣、项链等。

不同类型产品呈现的特点不同，但是主要满足以下特征：一是实用性，有一定的现实意义和作用；二是便携性，不增加旅游者的负担；三是纪念性，有利于追忆和回忆，如小版兵马俑；四是文化性，2014 年南京夫子庙的“盐水鸭曲别针”很快让人联想南京的饮食文化。

（二）东北冰雪旅游市场环境分析

中国冬季气象温度上最冷的地区无疑是东北，其次是西北和青藏，然后华北，最后南方地区。个人认为最能形成气候的冰雪在东北，冰雪已然成为东北的一张名片。黑龙江省的哈尔滨被称为“冰城”，是人们冬季冰雪旅游的神往之地；吉林雾凇与桂林山水、云南石林和长江三峡同为中国四大自然奇观，而其冰雪资源和活动更是不胜枚举；辽宁以“寒而不冻，冷而不凌”的姿态吸引着向往冰雪又惧怕寒冷的游客们，打出“嬉冰雪、泡温泉、到辽宁、过大年”的冬季旅游牌。

东北的冰雪特点突出，特色鲜明，相关旅游项目和业态相对成熟，是东北发展冰雪产品和冰雪旅游的最大优势。很容易加深人们头脑中对其的印象：东北是冰雪游玩好去处、温泉养生好去处、民俗文化好去处、赶集过年好去处、美食购物好去处、传统冬捕好去处、冰雪运动好去处、冬景摄影好去处，最终形成游客心中“冬季旅游好去处”深刻印记。

随着国家交通运输的建设和发展，东北的交通越来越发达。目前有沈阳桃仙机场、长春龙嘉机场、哈尔滨太平机场、大连周水子机场等；火车站有：沈阳站、长春站、哈尔滨站、大连站、哈尔滨西站等，省内客运线路发达，旅游公司及旅游线路成型。鲜明的旅游特色，成熟的轨道交通，相对成型的服务，是开展东北冬季旅游的优势所在。

另外，2022年冬奥会也将带动东北冰雪旅游的发展。

（三）东北冰雪旅游吉祥物设计介绍

旅游要素涉及食、住、行、游、购、娱诸多方面，我们要整体打一张靓牌。建议东三省联合建立“一轴、一带、多景观”的联动式发展，同时明确各省优势，又能够独立成景、独具特色。而本策划探讨的是文化创意产品这部分，好的文化创意产品应具备文化性、故事性、趣味性、创新性、实用性的特点。本项目依托吉祥物展开相关产品创意策划。

1. 文化背景分析

经过调研组前期调查，结合研发组整理融合，我们从人参娃娃、东北虎、梅花鹿、四不像、傻狍子等东北特色动植物中确定了以东北虎为原型的卡通吉祥物。东北虎分布于俄罗斯西伯利亚和远东地区、朝鲜和中国东北地区，为国家一级保护动物。具有珍稀性的特点，同时具有独特的生态价值、美学价值和观赏价值。虎很霸气，是百兽之王，能够体现东北的重要地位；虎很大气、威猛，猛虎下山也很适合作为滑雪项目的代言形象。与虎虎生威相对应，还有虎头虎脑的可爱。

2. 故事背景设计

我们将吉祥物拟人化，设计的三个虎造型吉祥物是一家人，爸爸、妈妈和孩子。家是最小国，是社会需稳定的单位。家给人安全的处所、温馨的港湾。话说虎爸是个80后，土生土长的东北虎，是传统冰雪项目竞技的爱好者。小时候身在东北，时常玩“雪爬犁”“冰车”“溜冰”“打冰尜（陀螺）”“放大坡”“打出溜滑”“堆雪人”等冰雪游戏。妈妈是时尚辣妈，懂生活并热爱生活，做得一手好东北菜，是满族文化—满族剪纸的非遗传承人。孩子虎宝是新式冰雪项目“滑雪板”的爱好者。本次大赛，虎宝也报名了，和爸爸一起将现代与传统融合设计冰雪游戏新项目。

3. 实用性分析

吉祥物在市场竞争中容易建立良好的识别形象，吸引消费者注意、塑造企业形象。吉祥物拥有主体性，能够起到传递文化内涵与理念、增加无形资产积累的作用。吉祥物的价值符号与商品价值相互作用，商品的价值一旦为消费者所认同，就会形成有价值的符号，而有意识的价值符号的宣传传播无形之中增大了商品的价值，从商品符号再到商品价值，这个过程不断循环，二者的统一创造了能满足消费者心理与情感需要的产品。

4. 创新说明

我们的吉祥物设计不仅仅包括了手绘文案，还包括3D形象设计。我们会指导游客运用相关软件，改变吉祥物的装扮，实现个性化设计和输出，分别作用于不同的用途。以家庭为单位出现的吉祥物、可变装的吉祥物，推广意义更深远，可挖掘性更强。

（四）相关 3D 文创产品设计

笔者认为文旅产品应该“小而美”“巧而精”，不能千篇一律，过于繁杂。本策划结合了冰雪旅游的本质和特点，研究不同人群的特点进行市场细分，同时将文化底蕴与流行元素相结合，主要设计以下几类产品，逐步研发、完善和拓展。

1.3D 打印徽章产品

徽章类产品作为参与活动的游客个人和团体都是很好的旅游彰显，同时这类旅游纪念品特别容易携带。设计大类主要分为传统的“标志款”和“吉祥物款”，外加一类“满族剪纸款”（打印薄金属款）。总体徽章定价不会太高，按不同材质定价不超过 100 元。主要是以点带面，促进了旅游体验和宣传，同时促进旅游形象印记化。

2.3D 饰品

饰品印有相关图案，主旨要求设计精美同时具有满族风情；背包采用相同理念。饰品材质、种类还有待于深入挖掘。

3.3D 金属明信片、书签

返璞归真，建设明信片邮寄驿站。让旅游者将精美的明信片邮寄到祖国各地，乃至世界各地的亲朋好友。书签小而美，方便携带，能够起到自用、分发、馈赠和宣传的作用。

4.3D 玩具类

（1）3D 冰尜。塑料或金属材质，特点鲜明，容易携带，具有趣味性和经济性。即使离开东北冰雪场地，在光滑接触面依然可以愉快玩耍。记忆保留、体验延伸。冰尜表面可印有相关图案，并配套贴纸，更换旋转图案。

（2）3D 玩具盲盒。将吉祥物制作 3D 造型玩具，结合现在最流行的盲盒理念，与时俱进地开发吉祥物盲盒玩具。

（3）3D 树脂手机壳。具有文化特征、精致即可。事实上，产品的创意和营销创意是相伴而生的，二者相辅相成，巧妙融合才能达到最好的推广效果和经济效益。

三、建设冰雪旅游“主题空间站”

这个空间站集合了全部的旅游文化元素，打造主题空间站，一体化的体现和销售，带给游客全新感受。里面有很多 3D 打印造型和产品，例如小朋友喜欢的爱莎公主城堡空间站、年轻人喜欢的冰河时代穿越空间站、中老年人喜欢的北大荒冰雪奇缘空间站。有主题、有内容、有陈设。合理而巧妙地搭建和融入文创产品于空间站之中。

将 3D 打印技术优势融合于旅游文创产品，新颖时尚、文化深刻。新思潮、新理念，形成新型产业化的全新形态旅游文创产品，深挖地方资源特色，用文化、用科技发展旅游经济，为促进社会经济发展开辟新途径。

第三节　3D 打印技术与计算机辅助设计

3D 打印技术的出现是人类社会文明的重大进步，作为一种新型的先进技术具有很强的适用性，被广泛应用于工业、医学、教育、生活等领域，与计算机技术、生物技术等相结合，有力地推动了社会各种产业创新和改革。3D 打印技术的原理是通过堆积材料快速形成产品，相比传统技术手段可以充分生产出复杂的产品，从社会的实际发展趋势来看，3D 打印技术的应用在各个行业和领域都发挥着极为重要作用。

一、计算机辅助技术概述

计算机辅助工业技术与 3D 打印技术相结合是世界科技进步的体现，推动了时代的进程，提高了世界的工业水平，加强了数字化工业生产能力，为设计与生产提供更合适的发展环境，具有较好的发展前景。但是关于这方面的人才仍然缺少，为扩展这两种技术的运用范围，促使进一步的发展，国家应该重视培养这方面的人才。如今，不少高专高职院校在响应国家、社会的需求下，开设了计算机数字化设计与 3D 打印技术的专业课程，但由于这两方面的技术还没有足够成熟，各院校的课程教程与使用的工具还没有得到统一。为使计算机辅助设计技术与 3D 打印技术更好地发展、加深研究，在教学时使用的教具应该有一定的参数。只有科学化数据和规格，才能使数字化技术的教学更有效率。

（一）技术分类

随着信息时代的推进，网络和大数据的发展以及 5G 加速时代的到来，产品的生产模式发展到工业时代 4.0，计算机设计软件的开发被广泛应用于各行业，如：工业生产环节（产品）中的二次设计、数据分析和互联生产。通过计算机辅助设计的应用，工业生产已进入一个完整的数字化和信息化过程。

（二）二次应用

计算机辅助设计（CAD）在生产过程中的应用可以使设计者摆脱传统的手工设计，计算机应用中的设计软件可以帮助设计人员完成项目比较和分析、设计审查、存储和恢复设计内容，缩短设计周期，在完成设计和生产协助后，提高设计效率并分析产品结构，完成反馈。计算机辅助生产应用程序（CAM）通过计算机完成制造过程的控制，使用辅助生产系统规划和管理生产环境的要素，包括了设备状态监控、物料流动、工艺方法的试验等；解决生产过程中出现的问题，如检查和人员配备等。在试验过程中采用计算机辅助工程（CAE），通过计算机数字原型的模拟验证，分析和计算产品所需的各种物理性能，包括结构分析、流体体积分析、热分析、电磁分析、光学分析和声学分析。工程验证的结果对优化设计有一定的参考价值。

（三）应用意义

通过软件的建模功能，可以观察虚拟3D效果来验证待建模产品的结构、形状以及渲染后的染色效果，还可用于迭代验证。通过3D打印或快速原型技术了解整个生产过程中的结构关系和设计，帮助设计师优化设计，选择满足设计需求的最佳方案，在设计过程中验证产品质量，有效缩短项目完成周期。辅助设计的虚拟物理效果更容易找到，只有在设计过程中观察到设计无法确认的问题才有效，通过物理观察，可以修改原始设计和计划，避免浪费时间和重复生产，从而在生产过程中发现问题。此外，设计支持系统还可以对生产过程进行管理和控制，零件的移动实际上可以提供技术参数或直接比较外观，减少制造过程中因设计不明确而造成的障碍。引入CAD系统可以有效促进生产力的发展，软件之间的协作可以根据需要进行开发和组合，为生产力的提高提供了更加富足的空间，例如：传统软件Rhino开发了生产和构建中的插件支持系统，以满足不同的生产要求。

（四）计算机辅助工业设计

计算机辅助工业设计是专用于工业设计领域创意活动的一种设计方式，基于计算机技术与工业设计相结合的CAID系统，在设计方法、设计过程上都发生了质的变化，与传统工业设计相比，设计质量和设计效率有很大提高，涉及到多媒体技术、虚拟现实、快速生产、技术优化、模糊技术、人体工程学和许多IT技术领域，是复杂的跨学科技术。产品设计过程通常包括了设计需求、市场研究、定位、草图、图像形成、数据模型、自然模型、生产等。其中视觉组件占相当大的比重，同时也是现阶段广泛采用的工业设计方式，例如：在图像生成阶段，用图形程序（Photoshop，Illustrator，CorelDraw等）进行辅助设计完成二维图像的生成，通过三维软件（Rhinoceros，3DMAX，Maya等）构建模型显示三维效果。在数据建模阶段，用工程程序直接为后续生产建立工程模型，从创建到呈现整个产品，计算机辅助设计比以前节省了更多时间。计算机辅助设计技术和结果演示软件已经相当成熟，特别是在计算机辅助设计的现代化方面，这是设计师的技术解放，使设计师更加注重设计和创作。此外，在设计过程中对产品进行了人为分析，在有数据模型的情况下，可以利用自动化设计技术对DIZ进行验证，通过人体测量数据库，提供更合理的人体因素分析数据。当然设计师改进设计，必须具备计算机辅助设计技能。

二、3D打印技术概述

（一）3D打印技术的概念

自20世纪90年代以来，随着3D打印技术的迅速发展，对工业制造业具有革命性的意义。与现有制造工艺中所需的原始胚胎和模具不同，3D打印技术通过计算机获取的图像数据和加载在打印机上的液体或粉末来操作和控制打印材料，形成了由计算机设计的真实图形对象。3D打印技术本质上是一种使用光聚合和纸张层压的快速原型设备，在创建对象方面优于现有的制造方法，简化了制造过程，缩短了产品开发周期。

（二）3D打印技术的工作原理

3D打印技术的一般工作原理，可以简单地概括为3D打印机接受计算机设计数据和待打印的原材料逐层处理产品。三维打印的技术基础是快速原型技术，根据3D打印所需的不同材料和打印过程中不同的层形成方法，快速原型技术分为SLA，SLS和FDM。

1.SLA

SLA是最古老的快速原型制作过程。这是一个选择性的愈合过程，主要使用光敏树脂制作小件作品，如概念模型等。当打印机处理树脂槽充满液体光敏树脂时，树脂受到激光照射并快速固化，成形过程为：在距横向层水平一定距离的液态树脂水平面下方，工作表面可以升高或降低，并固化形成薄板，调整升降台高度，根据电脑模型要求逐层扫描固化，完成模型的制作。

2.SLS

SLS被称为烧结粉末材料的选择性过程。与SLA过程中使用液体树脂不同，粉末材料通过激光烧结和堆叠，每层烧结后，使用另一层粉末材料，三维产品是一层层地加固的。粉末材料可与胶粉混合，如塑料粉、陶瓷粉和金属粉，用于制造塑料、陶瓷和金属零件。这种印刷过程需要很长时间，由于颗粒粉末大小的影响，产品的表面粗糙。

3.FDM

FDM工艺使用热熔喷嘴加工工程塑料、聚酯碳酸和其他丝状材料。根据投影产品的形状，材料被熔化成半液体，挤压后在工作面上形成0.127 mm厚的板材。当一层完成后，继续下一层，直到整个成品完成，该工艺生产过程相对清洁，操作方便。与熟练的SLA技术相比，其精度低，表面粗糙度差。

（三）3D打印技术的优缺点

3D打印技术是近年来制造业迅速发展的一项新技术，与传统生产制造技术相比，具有显著降低成本、缩短生产时间和材料组合、产品设计独特等优点。（1）降低较高的生产成本。传统产品的原始生产过程中，如果产品形状复杂，在设计、材料等方面的投资将非常高。3D 打印机可以打印简单或复杂的对象，所有组件都集成到一个单件中，无须额外成本以及生产、装配和其他传统研磨工具流程。传统的金属产品生产中，不适当的副产品将被丢弃并转化为废物，3D 打印产品可以降低原材料成本，模型中使用的原材料不会仅限于产品本身而过度消耗。（2）减少产品的生产期限。现有产品的生产模式中，客户向制造商提供设计，制造商根据设计生产模型再交由客户审核，生产时间长，当双方处于异地时，还要涉及到运输时间。通过 3D 打印，制造商可以根据客户需求就近以 3D 打印机直接打印产品，修改设计产品，节省了运输和制造时间。（3）将各种材料可以连接在一起。3D 打印技术的 FDM 是一种给长丝材料（如机械塑料和热管聚酯碳酸盐）喂料并与新材料融合的方法，颜色很丰富。（4）进行独特的产品设计。传统制造的产品受到模具和材料的限制，形状固定，机器只能生产部分零件和模具。3D 打印技术允许根据人们的需要和想象设计不同的形状，以获得适合特定用途的产品，例如移动印刷、人造艺术品、人眼、汽车等。

虽然 3D 打印技术的研究和应用越来越广泛，但是在发展过程中也存在着瓶颈和缺陷。（1）3D 打印机价格高昂。不管材料成本如何，大多数台式打印机的成本约为 20 000 元以上，这在中国是无法实现的。（2）3D 打印的精度和效率并不理想。3D 打印机可以打印多种产品，但打印效率不足以实现大规模批量生产。由于技术原理的限制，印刷精度和速度之间仍然存在矛盾，使得相关产品低于传统产品。（3）价差大，材料品种少，目前，3D 打印材料的价格相差很大，每公斤从数百元到数万元不等。消费者中最受欢迎的产品是高质量和低成本的产品，如果 3D 打印产品的价格高于预期，很难广泛销售。目前，各国开发的材料包括树脂、塑料和金属，一般高需求材料包括不锈钢、镍基合金、银等。

（四）3D 印刷技术与工业设计

20 世纪 90 年代中期出现的 3D 打印技术是以数字模型文件为基础，以金属粉末或塑料等黏合材料为原料，通过逐层打印的方式创建对象。3D 打印通常使用数字技术材料打印机实现，常用于模具制造、工业数据中心等领域的模型制作，并逐渐用于直接制造一些零部件。这项技术应用于珠宝、鞋类、工业设计、建筑、工程和施工（AEC）、汽车、航空、牙科和医疗服务、教育、地理信息系统、土木工程、枪支等工业设计领域，在传统工业设计的最后阶段，建立人工模型进行可行性验证并验证设计的合理性。手工模型制作通常需要一周的时间，价格从几千元到几万元不等，且模型也不完全精确，到了冲压阶段，模具制作需要更多的时间和资金投入。有了 3D 打印技术，只需要 3D 打印机和相关的打印材料就可以脱模，在几个小时内完成高精度、高难度模型并进行测试，这大大缩短了产品开发周期和成本。随着技术的发展，3D 打印越来越受欢迎，

3D 印刷技术的出现对生产和工业设计产生了重大影响。某些特殊情况下，在建筑领域利用 3D 打印技术改善人们的生活条件。

三、用计算机辅助技术和 3D 技术结合改进工业设计

（一）结合设计方法

3D 打印技术出现之前，我国的工业设计依赖于手工作业，耗费了设计师大量的时间和精力，对设计师的专业要求也非常高。另外，企业不但要以高额薪资聘请设计师，而且一旦设计出现问题，修改完善过程将进一步延长设计周期，增加成本开支。随着 3D 打印技术的出现，工业设计随着相关软件的开发和引入发生了重大变化，例如：日本动漫玩具将 3D 打印技术与工业设计相结合，设计人员主要致力于动画人物的建模，利用 3DMAX，PS 等程序进行开发。

（二）提升空间

工业设计与 3D 打印技术的结合应用，在实践中存在着许多问题和改进空间。（1）3D 打印技术是针对某些特殊领域的，这些领域的计算机辅助工业设计对材料的性能和适用性提出了具体要求，现阶段的 3D 打印材料不符合这些要求，严重制约了计算机辅助产业与 3D 打印技术的联合发展，需要不断提高 3D 打印中使用的材料的性能和适用性。（2）与 3D 打印技术相比，计算机辅助工业设计的发展时间更长，在某些情况下，传统的设计方法仍在继续使用，阻碍了 3D 打印技术的发展。而且，工业界人士不能够及时协调工作思路，实现 3D 技术与计算机辅助产业设计的完美结合。（3）我国 3D 打印技术发展时间不长，起步较晚，许多专业人士对 3D 打印技术并不了解，缺乏理论知识。另外，尚未建立起更完善的行业教育体系，企业缺乏相关技术培训活动，会出现 3D 打印技术的应用失误，一定程度上制约了行业发展速度。（4）3D 打印技术与计算机辅助工业设计相结合，需要具体的软件支撑。目前我国在这方面的软件开发不如发达国家，结合过程需要大量的时间和生产实践。

（三）促进了工业的设计思维转变

传统的工业设计制造因装配、生产等因素，限制了设计师的想象力和创造力。随着技术的不断优化和改进，可以及时制造出形状和结构复杂的产品，设计师也无法避免地对产品的造型、形式和创意进一步优化，以保证多样化、多结构、广视角，更强调人性化，并要求不断提高产品设计的艺术性和人体机械性能的设计元素。量产是传统工业设计的基础，可以根据模型进行相应的设计和生产，大大减少个性化设计动作，但这使得在设计中很难突出用户的环境、习惯和个性化内容。

（四）优化设计流程，降低设计成本

设计过程的流畅性是工业设计有效开展的关键，其中最重要的沟通手段是模型。当模型是手工制作时，其精度无法避免地受到影响，但是借助计算机辅助技术和3D打印技术，可以得到充分的弥补。此外，还可以显著缩短生产时间并加快产品上市时间。

将3D打印技术与计算机辅助设计相结合是时代发展的必然趋势，有助于企业在开发和生产过程中降低成本，提高经济效益。两者的结合不仅给设计工作带来了更多挑战，也带来了机遇，这就要求企业更加关注3D打印技术和材料的发展，改变传统的设计理念，为3D打印技术应用提供技术、思想和系统支持，推动两者向更完整的方向融合，推动了中国设计产业的发展。

第四节　异质零件3D打印技术

自然界中的一些物体是由多种材料构成的非均质物体，可称为异质实体（HEO），其材料组分在空间分布上相异，如骨骼、牙齿和竹子等各类动植物的结构形式就属于典型的异质实体。近些年来，很多研究领域依此设计出了异质结构，从而获得性能更优秀的功能件，被广泛应用于宇航工业、机械工程、生物医学等领域。异质零件的发展重点在模型建立、材料制备、生产工艺及性能调控等方面。3D打印技术应用于异质零件的设计和制造，将为异质零件的开发提供新的平台，也是异质零件制造的重要方法。为此对使用3D打印制造异质零件的技术与设备进行简要介绍。

自然界中的物体大多是由多种材料构成的非均质物体，即异质实体（heterogeneous objects，HEO），其材料组分在空间分布上相异。例如，骨骼、牙齿和竹子等就属于典型的异质实体，其特点是具有最高强度的物质分布在需要最高强度的区域，这是最优的物质结构形式，这种结构形式能降低结构破损的概率，使得生物体能更好地适应生存环境。

一、异质实体分类

目前，异质实体已成为多个学科共同的研究热点，按照功能和结构形式可将其分为人造型异质实体、自然型异质实体和变异型异质实体3类。

自然型异质实体。自然型异质实体是指大自然中存在的各类含有多种材料且结构形式和材料分布呈静态或呈连续有规律动态分布的非均质物体，如竹子。其从内层至外层，材料结构渐变，强度依次增强，致密度依次增加，这种材料分布渐变式结构有利于竹子保持质量轻的同时具有足够的弹性和强度。

骨骼是另一种典型的自然型异质实体，其组织可看作一个矿化组织的骨骼系统。骨骼由骨间质和骨细胞构成，其中，骨间质由胶原蛋白纤维、磷酸钙、碳酸钙、镁离子、氟离子等组成，且磷酸钙和碳酸钙等骨盐又与血钙、磷含量密切相关，相互补充，不断更新；骨细胞可促进骨质溶解（称为骨细胞性溶骨），引起骨质疏松，发生骨折。由此可以看出，骨骼是一种多种材料非均匀分布，且组分不断变化的自然型异质实体。

人造型异质实体。人造型异质实体是指按照特定功能成形的非均质物体，按照其成形过程可分为装配型异质实体和合成型异质实体。其中，装配型异质实体是指在人工或机械的辅助下，由多个不同材料零件组装而形成的非均质物体，如典型的微机电系统（micro electro-mechanical system，MEMS）包括微机械结构、微制动器、微传感器、微光学器件等，其材料组分包含多晶硅、陶瓷材料、高分子材料及金属等。这类机械装配型异质实体的特点是整个物体的各个组件由单一材料制作，然后再由人工或机械进行组装，形成具有一定功能的非均质物体，各组分的材料之间不发生耦合或渗透。

合成型异质实体是指在人工或机械的辅助下，通过化学反应、物理处理、基因工程或其他方法获得的具有多相材料的非均质物体。典型的人工合成型异质实体是梯度功能材料（functionally graded materials，FGM）。它是由日本新野正之、平井敏雄与渡边龙三于 1986 年首先提出，是指一类组成结构和性能在材料厚度或长度方向连续或准连续变化的非均质复合材料。合成型异质实体的特点是结构形式及材料分布都比较稳定。

人造型异质实体是按照异质实体的功能，由人工干预而实现材料优化分布。有的文献把这种按照零件的最佳使用功能要求来设计制造，由呈梯度变化的组织成分和一定规律分布的细结构材料与均质材料所组合构成的新型材料零件称为理想材料零件。

变异型异质实体。变异型异质实体则是指违背自然界规律或人为意愿而形成的蠕变形（如铜锈、疲劳破损等）或剧变型（如细胞病变、零件断裂等）非均质物体，其成形过程较前两种异质实体复杂且大多无规律可循。

异质实体根据结构和材料形态变化，可划分为静态型异质实体和动态型异质实体，静态型异质实体主要是指实体的材料分布呈梯度变化的异质零件。动态型异质实体是指零件结构分布和内部材料分布复杂，既有均质材料又有梯度功能材料，而且呈非规律变化。其中，材料 1 和材料 2、材料 3 和材料 4 均为梯度分布，但材料 3、材料 4 构成的梯度功能材料区域，以及材料 5 构成的均质材料区域与材料 1、材料 2 构成的梯度功能材料区域却有明显的材料界面。

本节讨论异质实体的设计和制造，为了有效避免混乱，此处对几个名词进行区分和定义：

1）异质实体，指由多种材料构成的非均质物理性结构。

2）异质结构，指多种材料非均匀分布且组分可不断变化的组织形式。

3）异质对象，指被研究的异质物体，可指异质型设计结构，也可指异质型物理性结构。

4）异质零件，指能满足特定需求或具有明确功能的多材料异质零件。

5）多材料异质零件，本节特指基于3D打印技术制作的多材料异质零件。所谓多材料异质零件是指按照零件的最佳使用功能要求来设计制造的零件，由多种材料构成的理想型、功能性零件。文中异质零件和多材料异质零件含义相同。

二、异质零件特点及应用

异质零件属于人造型异质实体，是指多种材料在零件内部连续或非连续分布的功能性零件，主要包括了多材料零件、梯度功能材料零件和多相材料零件，也可以把前两者视为典型的多相材料零件。

目前，市场对产品的性能要求愈来愈高，由单相或均质材料构成的零件时常难以满足产品对零件的功能或性能需求，这使得对异质零件的研究成为机械、电子、光学、生物、材料等多个学科的研究热点之一。

异质成形件可广泛应用于耐磨涂料、固体氧化物燃料电池、牙齿、骨骼移植、模具制造、温差电敏器件、调速轮、热障等领域。当前对异质零件的发展重点在异质成形件的建模、加工工艺和材料制备及性能调控等方面。

异质零件有很广阔的应用前景，通过高分子材料、低熔点合金材料、陶瓷等不同有机和无机物质的巧妙结合而制作出的异质零件，将可以广泛应用于航空航天工业、机械工程、生物医学工程等领域。

分子材料异质零件。分子材料异质零件可广泛运用于耐磨功能部件、人工器官、耐腐蚀材料的化工设备结构部件等，目前已在生物医药材料（如人体植入物）、功能压敏材料（如高分子梯度功能材料薄膜、无载体压敏胶膜）、阻尼材料（如沿材料厚度方向呈梯度变化、具有良好阻尼性能的阻尼涂层）等方面得到应用。

陶瓷-低熔点合金梯度功能材料零件。采用含不同比例可热解材料（或其他方法可去除的其他辅助材料）的陶瓷粉末熔液（或溶液）制成预制件。加热去除可热解材料（或其他方法可去除的其他辅助材料）即可得到具有不同气孔密度的陶瓷材料中间件，对中间件进行烧结，然后熔渗低熔点合金得到最终零件。

具有不同气孔密度的零件。采用含不同比例可热解材料（或其他方法可去除的其他辅助材料）的粉末熔液（或溶液）制成预制件，加热去除可热解材料（或其他方法可去除的其他辅助材料）即可得到具有不同气孔密度的中间件，进一步烧结得到最终零件。

梯度功能零件。用多个喷头直接喷射液态材料、材料粉末的熔液或溶液成形金属-

金属、聚合物 - 金属、聚合物 - 磁性粉末和聚合物 - 聚合物等梯度功能材料预制件，经相应的后处理工序后得到梯度功能零件。

由于异质零件相对于普通零件具有信息传递精度高、尺寸小、环境适应性好、质量轻等优点，因而也可用于制备微器件、一体化传感器、智能结构等。

三、异质零件成形技术及设备

异质零件成形制造的研究主要涉及 3 个方面：异质零件的成形机制、计算机辅助设计（computer aided design，CAD）和计算机辅助制造（computer aided manufacturing，CAM）。成形机制研究多种材料的成形特性和成形机理等基础性问题，CAD 和 CAM 研究异质零件的建模、成形技术及成形工艺等问题。

（一）异质零件的模型设计

异质零件的 CAD 研究主要包括 CAD 建模方法、模型可视化和模型有限元分析（finite element analysis，FEA），当前对异质零件的 CAD 建模方法的研究最为集中，对后两者的研究较少。

由于传统的三维 CAD 几何模型只能反映出零件的几何信息，不能反映出异质零件的复杂材料信息，因此，异质零件 CAD 模型材料信息的表达问题成为研究热点。Yang 等提出了基于 B 样条的建模方法；Kou 等提出了 B-Rep 的建模方法；Wang 等提出了利用热传导概念描述多连续相零件结构信息的建模方法；Patil 等提出采用 R 函数描述材料结构的建模方法，他们采用 rm 目标模型描述异质实体模型；Biswas 等提出了基于几何域的场建模方法；Wu 等提出了数据集的体积测定 CAD 建模方法；Zhou 等提出了多色距离场的建模方法；Wang 等研究了基于有限元的异质零件建模方法；Xu 等研究了等距离偏移 FGM 建模、异质零件建模。还有其他一些学者提出了动态建模理论模型、细胞单元建构模型等。

异质零件以材料与零件的一体化、集成化设计与制造为主要特点，但是目前对于异质零件的 CAD 研究尚存在以下问题：当前以面图形学为基础的商用 CAD 系统只能利用数字化方法来描述零件的表面结构信息和单一材料信息，还难以描述零件的内部微结构信息和多材料信息（如非均质、梯度功能材料等）；已有的诸多有关异质零件建模的方法大多只提出理论模型，或开发的异质零件建模软件相对独立，与目前通用的 CAD/CAM/CAPP（computer aided process planning）等软件系统及 3D 打印设备的兼容性仍较差。

（二）异质零件的制造过程

异质零件的 CAM 方法主要分为如下两大类：传统制造方法和基于 3D 打印的成形方法。基于梯度功能材料的传统制造方法，主要有气相沉积法，包括化学气相沉积

（CVD）法、物理气相沉积（PVD）法、物理化学气相沉积（PCVD）法；等离子喷涂（PS）法；自蔓延高温合成（SHS）法；粉末冶金（PM）法；激光熔覆（LMC）法；离心铸造法等。这些传统梯度功能材料零件的制造方法存在以下缺点：无法精确制造出形状复杂的立体结构；梯度层与基体间的结合强度低、易开裂；材料分布无法精确控制等。

而另一类基于3D打印的异质零件制造方法，由于采用离散-堆积原理使得几何结构和材料分布的同时成形成为可能，从而近年来在异质零件的成形方面位于重要地位。Yakovlev等研究了具有梯度功能材料的三维物体的激光直接成形方法；Cho等报道了基于麻省理工学院（MIT）提出的三维打印（3DP）工艺而开发的成形设备，该设备采用多个数字化打印喷头喷射成形材料来制作三维模型；Yang等开发了基于SLS工艺的多材料粉末喷射设备，用来制造三维梯度功能材料零件；Bremnan等开发了可以商业化的多材料叠层制造设备来加工电陶瓷件；Choi等采用基于拓扑层次的路径规划研究了多材料叠层制造工艺；颜永年等研究了多分支、多层结构血管支架和含有非均质多孔贯通结构的人工骨支架等具有梯度功能的生物工程组织的制作；崔志中等研究了基于光固化快速成型（SLA）技术制造复杂形状的碳化硅陶瓷构件的成形工艺；余灯广等采用3D打印技术对药物控释材料的制备工艺及系统进行了研究。

以上这些成形方法有的所适用的成形材料非常有限，有的成形精度较低，有的成形效率较低，应用于异质零件中的多种材料在空间范围内的精确受控成形上有一定局限性。虽然这些成形方法或系统尚不成熟或不完善，但都为异质零件的快速制造奠定了一定基础。

目前关于异质零件的CAD与CAM的研究普遍存在一个问题：建模方法、模型可视化、有限元方法与成形方法的研究相互孤立，尚未形成CAD/CAM一体化。

（三）异质零件的成形技术及其成形设备

目前关于异质材料（尤其是梯度功能材料和多相复合材料）及其成形机理的理论研究明显落后于其CAD及CAM研究。孔凡荣等研究了复合材料等离子直接熔积成形过程中的多相瞬态场；Okada等运用真空离心法制备Al-Al3Ni梯度功能材料，并进行了数值与实验研究；Gao等对沉积法制备梯度功能复合材料的凝固过程传递现象进行了数值模拟与实验考察；Qi对激光熔覆Ni-Cr合金过程中溶质分布、温度场及熔池液相流动规律进行了数值分析和实验研究；Qin等对异质材料的耦合场，尤其是温度场进行了理论研究；Cooper等研究了利用激光直接熔覆成形方法制作Cu-Ni异质零件的成形机理。

但是对于异质零件在熔积成形过程中多相、多态物质共存，超常规条件下的微流体机理（如材料微滴的形成机理、固化或凝固机理、温度场以及熔积材质浓度场等）的数值研究、异质材料间相互作用机理与微成形机理等问题的研究还很薄弱。而这些问题的研究对于进一步理解和揭示异质零件在制造过程中产生的复杂物理现象和作用机理，提高异质材料制备及零件成形质量具有重要的理论和实际指导意义。

多材料零件的成型目前主要包括物理化学气相沉积法、粉末冶金法、等离子喷涂法、离心铸造法、激光熔覆法、自蔓延高温合成法等，这类基于传统工艺的多材料零件的制造方法主要有以下不足：无法制造内部形状复杂的立体模型结构；多材料间的结合强度低；无法精准控制材料的分布等。3D 打印技术凭借其具有材料和结构能同时成型的特点，将成为多材料异质零件成形的主流技术。目前，国内外对此开展了较为广泛和深入的研究，出现了一系列面向异质零件成形的 3D 打印工艺或技术。

微滴喷射光固化技术。微滴喷射光固化技术利用多孔微喷喷头喷射出光敏材料，并经光照后发生聚合反应，逐层堆积，最终制得三维模型。近些年来，微滴喷射光固化技术越来越多地应用于多材料异质零件模型的快速成型，目前已经商业化的主要有 Stratasys 公司的 Connex 系列打印机和 3D Systems 公司的 ProJet 系列打印机。Stratasys Objet Connex500 是目前世界上能完美实现大尺寸高精度多材料成形的 3D 打印机。该设备通过多种材料的数字化微滴喷射控制进行成分组合，可以实现数百种不同材料的成形，如质地较软的橡胶和具有较高强度的塑料。此外，国内外不少科研机构也在进行基于微滴喷射技术的多材料异质零件成形工艺研究，如麻省理工学院计算机科学与人工智能实验室的 Sitthi-Amorn 等开发的多材料成形设备 MultiFab，以较低的制作成本实现了 10 多种材料的成形。

粉末黏结成形技术。粉末黏结成形技术利用打印喷头喷射出黏结剂，将粉末黏合在一起，逐层黏结，最终形成三维实体。利用多个喷嘴喷射不同颜色的黏结材料，可进行色彩丰富的多色彩零件打印，为医疗诊断、工程分析提供更加直观的模型。3D Systems 公司开发的 Z860 3D 打印系统利用 3DP 技术，通过多组阵列喷头，喷射不同色彩的黏结剂，已实现全彩色的零件原型打印。从严格意义上来讲，这种彩色 3D 打印技术还不属于是多材料异质零件 3D 打印，但是该技术具有实现多材料异质零件 3D 打印的潜力。在药物生物材料开发的基础上，粉末黏结 3D 打印工艺可以用于制造含有多种药物、特殊药理成分分布的多功能药片，患者服药后各种药理成分在人体内可以可控地释放。

光固化成形技术。光固化成形技术基于液体树脂受到光照时会发生光聚合反应的原理，逐层固化光敏树脂直至零件最终成形，代表工艺有立体光固化成形（stereo lithography appearance，SLA）、数字光处理（digital light processing，DLP）等技术。得克萨斯大学的 Wicker 等利用 SLA 技术开发了一种多材料成形系统，该技术采用了自动切换多个装有不同材料的旋转材料槽进行成形材料的供给，实现多材料异质零件的成形；荷兰屯特大学利用 DLP 技术开发出一种低成本的多材料快速成型系统——EXZEED DLP，基于特定聚合物的形状自记忆特性，利用光固化技术打印出 4D 可编程且具有自记忆功能的零件。

直接能量沉积成形技术。直接能量沉积成形技术采用高功率能量源（如激光或电子束）对喷出的粉末或丝材进行热熔并定向沉积，主要用于金属零件的成形。可通过控制送粉器控制多种粉末材料的比例，实现多材料异质零件的打印成形。美国 Sciaky 公司的 EBAM 金属线材成形设备，通过控制两种不同材质的金属丝材的送料比，实现多材料金属零件的熔融堆积成形打印。

挤压成形技术。挤压成形技术一般采用丝状成形材料，经过加热后热熔挤压堆积到成形工作面上，实现零件的堆积成形。基于该技术开发的双喷头或混料喷头成形系统可以进行多材料或多颜色的 3D 模型一次成形，成本较低，成形材料一般仅限于非金属的塑料类材料。

其他新型成形技术。Dimitri Kokkinis 等利用一种电磁影响技术通过控制不同组分材料微小颗粒实现打印过程中材料组分的变化，最终实现多材料异质零件成形，并基于该工艺开发了一套多材料磁辅助 3D 成形系统。Jian Z 等将微光固化技术与纤维沉积技术相结合，开发出一套多层片微结构多材料成形系统。粉床粉末烧结工艺一般采用激光束或电子束对粉床中的粉末材料进行照射，使粉末颗粒熔化并相互黏结。德国 Regenfuss 等基于粉末烧结技术开发的一个多材料成形系统，制造出了同时含有铜、银的梯度功能零件，该成形系统目前只能支持打印垂直方向上梯度变化的多材料金属功能零件。

可以看出，以上介绍的几类多材料 3D 打印成形技术是现有 3D 打印工艺技术的进一步组合和改进，使得新的成形系统能够实现多种材料的按需混合成形。我们可以预见，随着各类工艺技术的不断发展，新型多材料 3D 打印成形系统将不断涌现。

异质零件在诸多领域均有巨大应用前景，在生物医学工程、智能化装备、特殊功能性零件、工业制造等领域的应用已经出现了一些研究成果。本节介绍了异质零件研究集中的 3 个方面：模型设计 CAD、制造工艺过程 CAM 和成型技术和设备。

异质零件由多种不同的材料按照其功能来构造，所涉及的材料有金属材料、非金属材料、智能材料、电子材料、生物材料等，当前常用的 CAD 设计软件均无法直接对其精确建模，因此众多研究学者在异质零件的建模方面倾注了大量心血，本节简要介绍了一些有创意的建模理论和方法。

异质零件制造工艺过程 CAM 方法主要分为两大类：传统制造方法和基于 3D 打印的成型方法，本节介绍了 3D 打印工艺的主要优势，虽然方法或系统尚不成熟、不完善，但为异质零件的快速制造奠定了一定基础。

最后，本节也简要介绍了光固化技术、粉末烧结技术、挤出成型技术、直接能量沉淀技术等 3D 打印方法制作异质零件的技术。3D 打印中基于数字化微滴喷射技术制作异质零件具有成型精度高、成型材料范围广、成型效率高等优势。后续主要针对这种方法开展异质零件的成型机理、CAD 和 CAM 等内容的研究。

第五节　3D 打印技术与产品设计

产品的生产与优化设计需要采用新型技术，3D 打印技术是增量制造的通俗名称，增量制造顾名思义就是通过对材料的不断累积叠加进行的产品生产模式。它在产品设计中的运用，可以有效提升设计效果，当前的 3D 打印技术相对多样，设计人员要根据需求进行技术方案选择。

一、3D 打印技术在产品设计当中应用的意义

（一）降低制造和生产以及管理等方面的成本

3D 打印技术的另一个名称或者是从技术角度上命名叫作增材制造，这种打印或者制造方式利用材料累积的办法，大大降低了材料的使用和浪费，不仅节省了大量的材料，而且省去了传统制造过程中需要进行的各种车床操作，还能够制造出传统机床无法实现的结构造型。

3D 打印的另外一个特点是制造速度快，以往制造原件需要先生产原材料，再进行车、削来实现设计需要的结构外形，而 3D 技术可以不需要模具和辅助工具，只需要在计算机中输入设计图纸，便能够一次成行完成设计造型，省略诸多的生产流程，大大缩短了产品的生产周期，特别是对于结构复杂多样，外形特殊的产品，3D 打印具备颠覆性的产品生产优势。

另外，3D 打印还具备高度的自动化，基本不需要人工值守，便能自动完成产品生产。相比较传统生产模式，各个环节中需要各式各样的机器设备，并且需要人为的控制产品的各个设计参数，3D 打印完全摒弃了这些环节，大大地节省了人工成本。

（二）打破传统设计的思维局限性

3D 打印技术的一体化成形原理类似于将材料按照设计图纸进行堆叠，因此，可以通过这种方法制造出结构极其复杂的产品。简约描述生产流程为：设计师首先通过三维设计软件设计出产品模型，设计过程中应当保证产品模型的完整性，然后导出 STL 格式，3D 打印机按照该格式内容进行打印。3D 打印机在改进的过程中，逐渐演变成由三角形的细小单位进行产品部件的堆叠，因为面积较小，所以最终的产品结构更加精细。3D 打印机巧妙地利用小单位物体堆叠的方式，按照图纸形成最终的产品，3D 打印因此有了无限的可能性，几乎把传统制造的限制统统给打破了。3D 打印好像是画师的画笔，只需要设计师进行天马行空的想象和创作，3D 打印几乎没有什么事情是做

不到的，这对于传统制造业来讲，几乎是颠覆性的，对于特别复杂的结构，交给3D打印几乎是必然的趋势。

（三）缩短了产品的成型周期

随着世界进入了消费主义的时代，地球上的人类从未像现在这样热衷于消费，这种时代使得产品的形态和数量得到了爆发式的增长。显而易见传统的产品设计生产已经不能适应这种快速增长的消费模式，从产品设计到产品生产的过程耗时长。而3D打印的时代，将会终结过去的这种从设计到生产的漫长环节，未来的企业在利用3D打印技术之后，能够快速的研发，设计，生产，产品上市的周期将大大缩短，最先应用3D打印技术的企业将获得行业中的领先地位。

（四）节省了产品的研发成本

传统的生产制造小到玩具的一个零件，大到汽车飞机的模型，在设计生产的过程中都严重依赖模具，模具的生产成本非常的高昂，也因此，企业设计一套模具就希望能够延长模具的使用周期，以此来控制和节省成本。这种生产制造方式变相地增加了企业的研发成本。并且这种方式会产生较大的风险，一旦产品无法得到市场证明，那么模具设计生产的费用便成了风险。3D打印没有这种负担，因为设计过程只需要设计师的图纸便能够直接生产产品，企业可以通过少量的成品投放市场进行验证，如果被市场证明是成功的产品，便可以扩大规模批量生产。这种模式大大地降低了企业的研发风险。3D打印在和模具生产之间产生良好的印证作用，让企业的生产经营模式更加灵活。

二、3D打印技术概述

（一）熔融沉积工艺（FDM）

熔融沉积工艺是挤压型3D打印技术，其原理是通过将某些材料，如塑料，树脂，尼龙等进行加热，喷嘴喷出融化的材料并按照图纸进行移动堆叠，当材料冷却之后形成了设计图纸的产品构造。这种工艺的特点是成本低廉，劣势是产品精细程度不足，较为粗糙。

（二）液态光敏树脂选择性固化工艺（SLA）

液态光敏是当前中高端产品生产应用较多的一种3D打印技术，也是光聚合型打印技术的一个分支，该工艺的原理是通过激光融合光聚合物，比如环氧树脂等材料形成设计图纸中的产品形态。SLA业态光敏树脂的生产工艺的主要特点是对于尺寸误差精度高，能够加工结构特别复杂或者体积比较小的产品，甚至是还能够加工超小的微粒。

（三）粉末材料选择性烧结工艺（SLS）

粉末材料烧结工艺和上面提高的 SLA 的工艺较为相似，名称是 SLS(Selective laser sintering)，在 3D 打印的范畴中属于颗粒型的 3D 打印模式，不同于其他的材料，SLS 主要使用塑料和金属粉末以及陶瓷粉末进行打印，该打印方式的特点是速度快，精度高，对于不同产品的材质适应性广泛，在工业中的应用范围非常大。

三、3D 打印技术在产品设计中的运用思路

（一）3D 打印技术在样品模型中的运用

1. 样品模型的快速成型

一个企业研发一款产品的主要流程为，首先按照设计构想进行市场调查，得到市场调查的反馈后，对产品设计进行完善，制作出反映产品特点的效果图。然后根据效果图进行手板设计制造，以此来验证产品的可行性并进行优化。然而，手板制作有两个缺点，就是制作周期长，另外存在较大的误差，精度不足。

3D 打印技术相比较传统的产品设计生产流程而言，最大的优势就是能够在最短时间里得到立体模型，设计师能够通过立体模型对产品的结构进行各种角度快速验证，并以此来进行产品的完善和优化。而传统手板需要耗费较长的时间，大大提高了产品研发效率。3D 立体模型相比较传统手板的精度也得到了大大地提高，特别适用于对精度要求较高的产品。

2. 过滤性与验证性的创新过程

在产品设计领域，任何一款产品都是在经过反复的测试和修改中，才逐渐决定最终的版本。而在传统产品的研发设计调整流程中主要依靠手板的模型制作，然而手板模型的制造修改往往要投入大量的人力物力以及时间。3D 打印改写了这种漫长的产品生产流程，特别是在当今产品飞速更新换代的时代，3D 打印能够在短时间内，迅速灵活的调整产品设计思路，这是企业抓住瞬息万变市场的法宝。

一个产品从概念到实际产品，到消费者使用反馈进行调整，甚至到最后的产品回收，往往不是一个正向的非常稳定的状态。在大多数情况下，会静止在某个环节，需要通过进行逆向的验证来调整产品方向。以往要做到这一点并不容易，然而，3D 打印技术的出现，很好地解决了验证性在产品流通环节中的可能性。

通常在产品开发的过程中主要通常有两个阶段，一个阶段是产品的视觉外观部分，主要反映在产品的外观造型，色彩，材质，触感等等，第二个阶段是产品的内部结构问题，即让通过零件等连接部件让产品能够正常运转。虽然传统的产品设计也能够通过计算机展示产品的相关技术参数，但是，仍然无法与 3D 打印直接拿出成品进行测试得来的试验结果有效，而且 3D 打印出来的成品能够看到外观造型，以及各个组件

之间实际的关联度是否符合设计要求。

3. 释放想象的空间

在一件产品的设计研发过程中，设计师的主要工作是实现产品需求的制作方案，包含效果图以及模型的制作，在没有3D打印时代，依靠手板模型来实现以上工作，而传统手板智能在手工或者半自动化模式下制作，耗时费力。当3D时代开启，依据设计图能够快速的生成产品模型，至此，设计师能够把全部的精力放在对产品的精心打磨的过程中。当前的3D打印机能够识别多种格式的图纸，而应用最多的是stl格式，该格式所以靠的模型是由三角形单位组成的，三角形的棉结最小，因此堆叠形成的精度比较高。这使得对精密度要求较高的零件产品，也能够通过3D打印进进行生产。特别是在比较特殊的角度，例如曲面和纹理的实现过程中，手工耗时费力，效果比较一般，但是具备高精度打印的3D打印技术，则能够很好地实现设计师的想法，让设计师将想象力结合现实需求，实现高端产品的设计。

（二）3D打印技术在产品批量生产中的运用

3D打印的原理是通过将材料进行堆叠形成图纸的构造，因此，也称之为增量制造。这种制造方法省去了传统制造工艺中的切，削，车等去除多余材料的制造方法。这种增加的方式很好地解决了生产材料浪费的弊端。传统的生产制造过程需要通过对不同材质的产品部件，进行各种工艺实现连接和或者功能，而3D打印技术直接去掉了模具的开发制造部分，根据三维模型设计图纸进行增量打印，节省了大量的材料。

（三）3D打印技术在零部件维护中的运用

传统的产品经过前期设计制造过程后，实现批量生产之后，要根据消费者使用情况，准备很多的产品零部件，但是因为市场的千变万化，导致模具生产出来了，产品周期却结束了。而3D打印的灵活性恰好解决了这个问题，只要保留产品及零配件的图纸，就能快速生产任何需要的零部件，这不但节省了制造成本，而且解决了库存问题。

3D打印技术的出现，很好地解决了产品研发制造等多方面的弊端，颠覆性的改变了生产制造行业的产品生产流程，在设计阶段，3D打印结束了传统手板模具制造中的高投入，耗时长，且不灵活的设计方式，解放了设计师对手板的依赖，能够把全部精力投入到产品设计过程中，在产品的后期阶段，消除了库存和模具的依赖，大大节省了企业成本。

第六章　3D打印技术及应用研究

第一节　3D打印在服饰中的应用

随着3D打印技术这一新兴技术的不断发展，该技术在航空航天、汽修工程、生物医疗、工业建筑和服饰设计等领域都有应用。随着人们生活水平的日益提升和审美水准的提高，消费者的眼光早已不局限于传统的服饰设计了。因此，研究3D打印在服饰中的应用，对于服饰行业未来的发展与创新有重要的理论意义和实际作用。

一、3D打印技术概述

3D打印技术是20世纪90年代研制的一种全新的生产技术，又称为三维打印技术或立体打印技术。具有一次成型、节省原料等特点。借助于不同机械、物理或化学等技术，有秩序地逐层叠加材料来形成的三维实体。3D打印的过程大致可分为三个步骤，首先通过三维软件进行模型设计，其次对物品进行切片处理，最后造作3D打印机上打印出并打印出所需的物品。3D打印机与传统打印机在原理上类似，但又有区别。传统打印机通过墨水以二维效果为最终呈现形态，而3D打印机则是通过建立模型，打印的过程通过层叠累积线材来构造实体，最后可以呈现出三维立体的作品。

最初3D打印技术只是增材制造技术中的一种，即粉末铺层成型技术。从特征分析，3D打印技术或增材制造技术，具有自动程序控制、数字模型化、三维、增材工艺、快速成型五项基本特征。3D打印由3D建模软件、切片软件和打印线材的机器来最终呈现产品的三维形态。其中，SLS、FDM和SLA三种技术应用最为广泛。随着多个领域对3D技术的迫切需求和重视，我国多所高对3D打印有所重视，但是对于3D打印技术的研究与发展还需要继续深入研究与分析。

二、3D打印在服饰领域的应用

3D打印服装。以色列申卡尔设计与工程学院学生Danit Peleg设计了一系列3D打印的服装，她在自己的网站上推出了世界首款3D打印夹克，并且可以订购。打印材料使用的是西班牙3D打印公司Filaflex生产的一种特殊的、像橡胶一样的柔性线材，夹克还有一个织物衬里。这是一次艺术与科技的碰撞，为3D打印技术在服装中的应用提供了借鉴。

苏格兰时装品牌Pringle在2014年的秋冬伦敦时装周中展示出了激光烧结的尼龙布成品。该品牌通过与材料科学家Richard Beckett合作，基于SLS这一选择性激光烧结技术做出了3D打印面料，并做出了系列时装的设计。打印的清晰度很高，并且这是目前少数可以打印如此复杂尺寸的3D打印系统。

以色列服装设计专业毕业生Nitzan Kish利用3D打印技术设计了一套华丽、带有威胁性的自卫式女性服装。这些服装都由相互组合的3D打印部件组成，环环相扣，像个盔甲，但是很软。这些部件相互结合，形成了具有各种功能的不同服饰，但其目的主要是为了自卫和保护身体。她用的是Bezale学院Stratasys3D打印机和Synergy R.M.公司的打印机。考虑到这些服装应该要有防卫功能，所以使用的3D打印材料是尼龙12，而不是常用的比较脆弱的塑料。

以色列Shenkar设计院4年级学生Noa Raviv创造出了系列时装，其命名为"Hard Copy"的时装，并且与世界上规模最大的3D打印机生产商之一的Stratasys进行合作。设计师首先用电脑建模软件创作出一些数码图像，其次操作软件生这些图像。在Raviv设计的服装上，很难把布料上的图案与立体的3D形状区分开。在这里，模特本身的身体特征完全被具有强大立体空间张力的服饰所掩盖，模特几乎成了背景，而服装仿佛拥有了自己的生命，张扬地展现着自己的曲线与图案。

2019年纽约时装周Stratasys公司与著名的时装设计师threeASFOUR和Travis Fitch合作的3D打印系列服装在活动中亮相。该设计展示了直接在面料上进行3D打印的能力。使用Stratasys J750 3D打印机，将聚合物直接添加到'Chro-Morpho'系列中。J750 PolyJet 3D打印机的功能使设计人员可以将数千个由光聚合物制成的小球形单元直接印刷到聚酯织物上。连衣裙的27个部分上的每个单元都包含一个透明的镜片，内部装有彩色条带，这样可以使衣服的颜色在移动时发生变化。

3D打印饰品。随着3D打印技术的不断发展和完善，越来越多的设计师重视并将这一先进技术运用到自己的设计作品当中。市面上涌现出了许多做3D打印珠宝首饰的品牌，也非常受人们的喜爱与欢迎。

在2013-2014高级女装秋冬时装秀场上，荷兰80后年轻设计师艾里斯·范·荷本展现了一组运用3D打印和激光切割等高新技术设计制作的3D打印鞋履已经登上了巴黎时装周。

设计师Charis Alexander等利用3D打印技术设计了一款简洁的首饰，根据日常首饰的轮廓做出了这种几何感很强的模块化首饰。如图4所示，这些3D打印的小饰品既可以当耳环，也可以做吊坠，或者挂在皮革手链或衣物上搭配。简洁的首饰在特定的场合也可以发挥出细腻的装饰美。

2020年，北京一目一镜作为一个定制眼镜品牌，是一个集三维扫描、参数设计、3D打印技术为一体的、为顾客提供精准视光配镜解决方案的个性定制眼镜品牌。如图5所示，顾客定制3D打印眼镜流程：首先选择镜框试戴，然后扫描3D人脸，最后确定下单即可。3D打印技术，可以根据个人脸型情况进行高度的定制化生产镜架，眼镜的佩戴会更加舒适和美观。传统的眼镜生产销售会需要大量的库存，期间会造成许多成本损耗。而3D打印眼镜可以减少库存，按时按需进行生产和销售，降低了资源损耗。

三、3D打印服饰的优势及前景

（一）3D打印在服饰的优势

尽管受到材料局限，但是3D打印出的服饰给设计师带来无限的造型创意灵感，为服装行业也带来了新的发展机会，包括以下几个方面。

降低成本。3D打印在服饰品设计过程中有很多优势，首先它可以简化服饰品的生产加工流程，从而降低人工成本。其次3D打印可以节省原材料的耗损，减少资金的浪费。而且3D打印技术的发展也为服饰行业带来了许多便利，对比传统的服饰制造技术，3D打印技术更具优势。对于一些造价较高、制作烦琐的饰品，3D打印不仅可以提高制作效率，还可以降低价格，让更多的人可以欣赏。

生态环保。现阶段的服饰的生产和加工过程中会使用到许多的固色剂和染色剂等。长时间的制作和穿着不仅不环保，而且还会对健康造成影响。而3D打印技术可以做到一次成型，提高效率的同时省去了打板、裁剪布片、缝合等工序。采用量增法而非传统的量减法，可以做到基本没有废弃物产生，减少了环境污染。

自由设计。随着新材料的不断研发，配合三维人体测量等技术，未来将实现自动化的“单量单裁”。消费者可以依据自身的需求选择相应的订单。传统制造工序无法完成的复杂结构，通过三维模型的建立，再复杂的形态也能通过打印机完成。尤其是对于饰品行业，许多复杂美观的设计作品将更容易实现。

打破技术壁垒。就3D打印技术的先进性而言，已经突破了设计的界限，呈现出了不同于传统服饰的视觉效果。可实现常规面料无法完成的概念，并且不再拘于传统的制造技术，使服饰的款式和结构更加丰富。

（二）3D打印在服饰领域的发展前景

3D打印技术近年来新兴的一种革命性产业技术受到国际社会的广泛关注。首先大量的研发投入完善了3D打印的技术层面，使3D打印机功能更强、成本更低、速度更快。其次打印材料不断更新换代，使3D打印机的应用领域更加广泛，并且打印的设备和产品的成型方式还在不断发展。所以3D打印的发展前景广阔，相信在未来在多个不同的领域中的应用会更加广泛。

服饰专用的3D打印设备。目前市面上还没有针对服饰专门开发的打印设备，许多学者还致力于设备的研究。可结合3D虚拟试衣等多种相关设备进行紧密结合研究，从而提高成衣和饰品的产出效率和校准设计。

面向多彩多材料打印发展。现有的3D打印材料颜色较之传统的服饰色彩更为单调，许多公司还在不断开发新的线材。可拓宽材料的颜色并融合多种材料进行打印尝试，服饰品将会呈现与以往大不同的效果。

尽管经历了若干年的发展，3D打印技术已经逐步完善，并在诸多领域得以广泛应用，具备了制造复杂造型的能力，但是应用于服饰实践仍然存在一些挑战。未来的进一步发展需要加强产学研的合作，从政策支持、应用推广、技术研发等方面共同推进3D打印技术在服饰设计中的应用和普及。目前3D打印技术依旧在不断发展，相信随着技术的完善和市场的发展，对3D打印的材料、色彩、便捷性等方面展开进一步的研，一定能对服饰设计产业有所助力。

第二节　3D打印在医学中的应用

3D打印技术是基于聚合和离散成型思维的一种新型快速成型技术，它有别于传统意义上的打印技术，可根据数据精确计算并打印出与患者肢体吻合的假肢。随着3D打印技术的不断发展和应用，其已经渗透到各个领域。临床上，许多患者由于使用吻合度较低的假肢导致患肢皮肤磨损、破溃从而引发感染，造成患肢疼痛，大大降低了患肢使用舒适度。3D打印所用的均为生物相容性较高的材料，并且根据患者具体情况，精确、精细地打印出所需假肢，这种假肢不仅高度吻合而且完全贴合患肢，抗压性能良好，有利于患者更便捷地适应和使用，因此这也是它广泛应用于临床的原因。

一、3D打印技术

3D打印（Three Dimensional Printing，3DP）技术诞生于20世纪80年代末，经过研究者多年努力创新，目前，已经成为许多技术成熟的加工及成型体系中不可或缺的部分，并逐步应用于医学领域。它可根据具体要求迅速、准确、精确地打印零件或物体的实体模型。

3D打印技术对传统制造业生产方法、模式、理念的革新都产生了重大影响，并逐渐向各领域渗透。随着3D打印技术的不断发展，其被应用到各个领域特别是医学领域，对医学研究的不断深入和解决临床疑难问题具有重要意义。

二、医学应用

（一）在骨科的应用

由于3D打印技术能够根据具体的骨骼数据打印出精细且稳固的模型结构，同时具有良好的力学特性，相对支撑性和承受力都较强，因此目前主要应用于骨科术前方案设计、临床教学、康复支具打印、骨科内植物和生物组织打印等方面。

术前方案设计由于3D打印是根据精确的数据进行材料打印，因此，临床上可根据患者的具体情况通过打印所需材料，构建1∶1实物模型。这不仅有助于术前诊断，也有助于手术方案设计、术前模拟手术。医生可以在手术前利用这些实物模型进行操作演练，并针对手术中出现的问题设计处理方案。只有通过多次体外操作训练，医生才能在手术过程中有条不紊、熟练操作，同时也能有效缩短手术时间、降低患者在手术中遇到的风险。柳鑫等选取53例髋臼骨折患者进行研究，实验组的19例患者根据CT数据打印3D模型，术前模拟手术；常规组的34例患者则按照常规方法进行手术。实验结果显示，实验组术中出血量、围手术期输血量均比常规组少，手术用时也比常规组短，大大降低了手术操作难度，减少了术中发生的突发事件。

临床教学对于刚刚走上临床的医生来说，由于课本知识抽象，而人体骨骼模型的可控性又低，因此临床教学就显得十分枯燥乏味。将3D打印技术应用于临床教学不仅能让医生对该技术有所了解，同时也能提升医生临床操作与应变能力。通过3D打印并在模型上模拟手术，不仅有助于年轻医生对课本知识的吸收与利用，掌握疾病解剖变化，而且也可以让刚刚进入临床一线的医生学习新知识，收获不一样的人生感悟。这种实践教学方法能明显提高教学质量。

李忠海等将3D打印技术应用于临床教学，先介绍3D打印技术的理念和技术要点，再让学生动手打印模型加强操作练习。与传统（知识讲授和病例分析）教学方法相比，这种生动形象、动手机会多的新型教学方法不仅有助于提高实习生读片能力和疾病诊断能力，同时也能加深实习生对解剖关系和病变类型的理解，还能使其掌握新的知识与技术。此外，引入3D打印技术的教学方式更加多元化，教学效果和质量都显著提升。

康复支具打印骨折术后患者都是依靠石膏、夹板、绷带等固定损伤部位，不仅限制患者的活动还特别容易压迫皮肤血管、减少患部血供和氧供，使肌肉失用性萎缩，不利于恢复。廖政文等根据患者具体情况通过3D打印技术打印出精确且个性化的前臂矫形康复支具，该支具贴合患者生理解剖结构，佩戴起来更加舒适、透气性更好，患者满意度和舒适感明显提高。陆亮亮等利用FDM技术根据患者拇指指骨的具体数据精确计算并打印出指骨骨折康复支具，和传统的骨折固定器相比，利用3D打印技术打印的拇指指骨康复支具更加贴合患者的骨骼生理构造，佩戴和使用也更加方便、美观，伸屈幅度更大，承受性能更强。因此，3D 打印技术在制作康复支具方面具有巨大的优势。

骨科内植物打印相对于传统的金属内植物，利用 3D 打印技术打印的个性化内植物与个体匹配度更高，患者术后恢复时间大大缩短，功能恢复也更快更好。而以往的研究都是通过在金属内植物中添加相应药物来刺激成骨的生成并治疗疾病。

黄淦等根据患病部位的数据将利用 3D 打印技术打印的钢板应用于骨盆骨折患者，结果表明，使用 3D 打印技术打印的钢板的骨盆骨折手术患者术中出血量比常规手术患者少，且透视次数也显著减少，术后在随访中发现，前者愈合时间更短，疗效更好。

生物组织打印 3D 生物组织打印是指通过对患者自身细胞进行联合培养，从而精确地制作出患者所需的功能组织，或者直接根据数据打印所需组织或器官的先进技术。Wang 等利用新型低温 3D 打印技术制作（rhBMP-2）-（Ca-P）纳米粒子 / 聚 L- 乳酸（PLLA）的组织复合支架，促进了骨髓间充质干细胞增殖分化、提高细胞活力与附着能力以及成骨细胞生成。张明等对原有 3D 打印技术进行探究，打印出了复合镁骨支架，这种复合镁骨支架具有较高的生物活性，为植入部位骨的再生及功能重建创造了许多有利条件。

（二）在口腔科的应用

近些年来 3D 打印技术得到了巨大发展，被广泛应用于口腔外科、修复、正畸和牙体根管预备等众多领域。从早先出现的口腔个性化外科手术导板，到最新的口腔个性化修复冠和牙根形种植体，3D 打印技术在口腔医学领域的应用日益广泛，并取得了良好效果。

口腔颌面外科口腔颌面肿瘤术后患者的咀嚼功能和外在形象会受到很大影响。对于颌面肿瘤切除形成的骨缺损一般需要进行软硬组织重建以恢复形态和功能，相对于传统的重建钛板和移植自体骨，3D 打印技术可根据骨缺损的形状进行精确打印，由于其运用的都是生物材料，因此具有更好的组织相容性。

Azuma 等对口腔肿瘤患者进行单侧下颌骨节段性切除，实验组预先打印下颌骨模型并弯制钛板，对照组只是采用常规方法进行治疗。结果表明，实验组患者下颌骨的对称性明显优于对照组。3D 打印手术导板简化了手术操作，缩短了手术时间，同时也具有较高的手术精确度。

口腔种植随着经济水平的不断提高，人们对口腔唇齿的美观要求也在不断提高，因此，近年来对根形种植体的研究也在不断深入。由于 3D 打印技术能很好地模仿牙根，具有良好的抗旋转性，因此，被认为可以更好地模拟天然牙的传力特性和牙根的受力分布特性以及贴合牙齿生理结构。经研究结果表明，将锥形束计算机断层扫描数据联合计算机辅助设计与制作（CAD/CAM）技术与 3D 打印技术相结合可以更好地制作个性化牙根种植体，并且在为期一年的跟踪随访中展现出良好的功能和美学特征。

口腔修复 3D 打印技术在制作口腔修复体方面与传统石蜡法相比，具有制作时间短、精度高、材料利用率高、个性化和数字化等优势，因此，得到广泛关注与巨大发展。Lee 等研究发现，3D 打印技术在牙冠边缘和口腔内部的修复、贴合性方面明显优于 CAD/CAM 切削法。对上颌中切牙相关病例的研究表明，使用 CAD 和快速成型技术复制切牙的形态，据此制作牙冠能够解决患者咬合时舌侧不适的问题。此外，3D 打印技术还可打印可摘除口腔局部义齿支架和全口义齿支架模型，并可以此分析义齿精度以及与组织面的吻合度。研究表明，利用 3D 打印技术打印的义齿支架能很好地与组织结构吻合，尽量满足患者需求，取得良好的临床效果。

口腔正畸口腔矫正畸形治疗是一个复杂而漫长的过程，不仅需要事先了解患者牙齿排列情况和咬合状况并对其进行分析，还要在不同阶段制订相应的治疗方案。传统石膏印模不仅材料粗糙而且舌侧托槽的精密性及稳定性较差，不能与牙面完全贴合，粘贴不便，浪费时间。使用激光融化 3D 打印技术制作的个性化舌侧托槽能够完美与舌侧牙面贴合，粘接定位准确，操作简便，从临床效果来看，这种个性化舌侧托槽不易脱落，大大简化了治疗程序。

（三）在整形美容中的应用

3D 打印技术在整形美容方面的应用研究还处于起步阶段。随着生活水平的不断提高，人们对外表的要求也在不断提高，鼻梁过低的人会在条件允许的情况下做隆鼻手术，而目前的隆鼻手术所用的骨通常取自患者肋软骨，虽然这样不会造成排斥反应，但是精确度低且在一定程度上给患者健康造成不良的影响。

相较于传统整形美容技术，3D 打印技术能更好地满足患者需求。Honrado 等从医学影像和软件系统等方面证实了 3D 打印技术应用于面部整形美容修复的可行性。上海大学附属人民医院的医生利用 Mimics 软件根据患者的 CT 数据对其颅骨进行三维重建，运用 3D 打印技术制作头颅三维模型及缺损部位的下颌骨模型，并成功为 23 例患者进行了下颌角截骨整形术。

（四）在软组织再生中的应用

3D 打印使用的材料都是生物相容性高并且含有生物降解聚合物基质的高性能材料（如生物活性陶瓷，水凝胶等），不但可以快速成型而且精确度还特别高，可以大大节省时间和有效利用材料。

BellaSeno（德国）、Tensive（意大利）及 Neopec（澳大利亚）等团队在软组织再生方面做了较多工作。BellaSeno 及 Neopec 团队已经分别进入临床前和临床实验阶段并取得了令人满意的实验结果（脂肪组织生长充分、完整，无明显炎症反应）。BellaSeno 团队研究的 PDLLA 支架，脂肪组织填充率在 15 周后上升了 25%。Neopec 团队采用不可降解的PMMA（聚甲基丙烯酸甲酯）在女性患者身上进行了6～12个月的实验，结果显示脂肪组织生长率最高可达150%。Tensive团队已发表多项基于软组织再生支架设计的学术成果，该团队使用的PAMAM（聚乙二胺）发泡支架弹性模量为4.5 kPa左右，在重复载荷作用（200次）下其模量保持稳定，且体外脂肪细胞培养结果良好。

3D打印技术从提出时便受到广泛关注，至今已经取得了十分显著成果，3D打印技术具有精确度高，成型速度快，生物相容性较高，排异反应少，根据患者情况按需制作等优点，可满足不同患者的需求。但是目前3D打印技术的应用仍不够宽泛，在医学领域，仅骨科和口腔科的研究较深入，针对软组织（如血管、细胞、心脏）等方面的研究还需不断深入探索。此外，3D打印技术还有许多不足，需要不断深入研究，包括生物力学的控制、材料的选择、无菌环境的保证、抗感染的作用、打印构建物的血供和营养传输、打印构建物的长期存活等。

第三节　3D打印在结构设计中的应用

随着科技的飞速发展，现在产品的更新迭代速度也越来越快，对于产品的设计者而言，产品验证时采用一种相比传统加工方式更加快速、便捷的加工方式是十分有必要的。3D打印作为一种新兴技术，始于20世纪80年代，并在最近几年间得到迅猛发展，目前，3D打印技术已逐渐走向成熟，新型的加工方式得到越来越多设计师的认可，科学合理地使用3D打印技术进行加工可以有效地降低企业制造成本，进而提高企业的竞争力。

3D打印与传统加工方式大不相同，本节主要从中小型产品结构设计的角度出发，分析3D打印与其他加工方式的优缺点，为设计师如何使用3D打印技术提供参考。

一、3D打印技术原理简介

3D打印是一种新型的增材快速成型技术。从技术原理上来讲，3D打印主要分为以下3个步骤：①需要在计算机内设计出待打印产品的三维模型，确定其形状和尺寸等；②将3D打印机与计算机进行连接，3D打印机就会对已经建立好的三维图形数据信息进行分割；③将已经分割好的平面信息由3D打印机自动按照打印路线进行逐层打印，最后成型。

从材料固化方式上来分，目前市面上已有的技术原理多种多样，本节简述三种在结构设计验证中应用广泛的3D的打印技术：

（1）熔融沉积制造技术（Fused Deposition Modeling，FDM）：该技术将固体材质（常

用 ABS 与尼龙）在喷头内热熔后挤出，挤出后的材料在相关机械结构的保证下到达对应位置并迅速固化，通过喷头的相对移动完成每层平面的材料堆积。

（2）光固化技术（Stereo Lithography Apparatus，SLA）：该技术使用的材料为液态光敏树脂（以下简称光敏树脂），通过光敏树脂在特定波长范围内的紫外光下会迅速固化的原理，以层为单位，随着底层平台的升降，逐层固化，从而完成零件的加工。

（3）选择性激光熔融技术（Selective Laser Melting，SLM）：该技术使用的材料为金属粉末，先在平台上均匀地铺一层金属粉末，再通过大功率的激光束对粉末的轮廓位置进行烧结，通过层层粉末铺洒并对外轮廓烧结，完成零件的加工。

二、3D 打印在现代结构设计中的作用

在传统加工方式下，设计者在产品设计阶段，对于非标准件，多采用机械切削加工（以下简称机加工）的方式，遇到形状复杂的零件，需采用四轴、五轴加工中心才能加工出来，由于涉及机床的使用与程序编写，每一次设计更改都会耗费大量人力物力，导致同一批次的加工件越少，相对的平均加工成本也会越高，总是造成样件价格远远大于后期批量成品价格的情况，而且对于一些结构复杂的零件，甚至存在着无法加工的情况。而 3D 打印技术很好地解决了这个问题，一般来讲，3D 打印由于各 3D 打印机本身尺寸、结构限制，只对成形件的大小尺寸有要求，而内部的卡扣、倒扣结构，以及复杂的外观曲面都不会成为制约零件成形的因素，且由于 3D 打印机软件自动切片便捷、原材料利用率高等优势，使得相同的产品价格远低于机加工产品，以常规使用的 SLA 技术为例，零件的 3D 打印加工价格普遍要低于机加工一倍以上。

对于设计者来说，3D 打印技术的出现，使得设计师在产品设计的过程中可以更加灵活，设计思路、理念基本不再局限于加工本身。而且整体的价格以及加工时效在某种程度上也都优于机加工，便于设计者在产品研发初期以更短的时间拿到实物样品，降低研发过程中的加工费用。

三、关于 3D 打印零部件的结构设计

（一）选用合适的 3D 打印技术

本节主要分析 FDM、SLA、SLM 这三种生产中常用到的 3D 打印技术。

在结构设计中，首先要确定设计零件的尺寸，虽然工业级 FDM 和 SLA 的成型尺寸都有近 1 m，但是通常来讲，3D 打印大件的强度不一定有良好的保证，而且 3D 打印零件过大成本也会急剧上升，通常建议设计者将零件尺寸控制在 200 mm × 200 mm × 200 mm 以内，过长零件若是无特殊要求，可以考虑中间使用标准型材或其他已有物料机加工，两侧或结构复杂位置使用 3D 打印技术，打印零件后整体装配。

在确定零件尺寸后，可根据零件在设计阶段的主要作用来选择适当的加工方式。若是制作样件用来进行外观验证以及结构配合、尺寸验证，无其他特殊要求，建议使用SLA技术的光敏树脂，SLA是3D打印中小型零部件应用最广的技术，此技术目前已非常成熟，且由于尺寸精度高、稳定性好、零件表面光滑、便于后期着色、价格低廉等诸多优点，深受设计者的喜爱；另外，FDM技术中的ABS材质打印，在优秀的工业级机器上，产品精度不低于SLA，且零件的力学性能和稳定性均优于SLA，但加工成本较高，一般来说，基本与机加工价格持平，就目前而言，若是样品的主要作用是结构验证，性价比不是很高。若是制作样品对材料韧性有较高要求，但对产品外观、表面粗糙度无要求，建议使用FDM技术中的尼龙材质，此材质韧性极佳，但由于材质本身原因，加工件表面颗粒感较强且加工尺寸不好把控。若是需要形状复杂且尺寸较小的金属材料，可以使用SLM技术，此技术可以制造机加工无法加工出的金属形状，但是这种技术烧结而成的材料一般表面比较粗糙，在Ra11左右，需要配合后续机械加工或表面处理，加工成本相对于FDM与SLA偏高。

以上是常应用于设计中的几种情况，如果设计零件需要多种颜色且不易喷涂，可以考虑彩色3D打印；如果设计零件需要打印软质材料，可以考虑使用FDM技术加工TPU材质，本节不再一一进行赘述。

（二）基于3D打印加工方式的结构设计

3D打印技术与机加工方式在技术手段上不尽相同，为了更好地使用该技术，设计者在设计阶段应该从设计目的出发、考虑到3D打印工艺的实际加工状况，做出合理的结构设计。

首先，机加工零件的尺寸一般是通过二维图纸来表示并指导生产的，零件图纸尺寸的大小、公差都有着较为严格的控制，也会对零件最后的加工产生直接影响；而3D打印技术是基于三维模型，直接交由电脑进行分析加工的过程，所以三维模型上所绘制的尺寸在加工过程中会具有更加重要的作用，在此加工方式中，可以没有二维图纸，只用三维模型来加工。

其次，由于加工工艺的特殊性，产品尺寸在设计阶段应该按照双边相等公差的原则预留在三维模型上，无法使用基孔制、基轴制等单边公差设计理念。而且尺寸公差本身比较固定，以市面上普遍应用的SLA为例，小型零件的尺寸公差基本就是 ±0.1 mm，若零部件在配合处需要比较稳定的配合，可以考虑使用小斜面、小平面、定位孔等方式配合，在不影响产品性能和成本的情况下，以合理的结构设计来消除加工过程中产生的误差。

另外，在3D打印中，零件的壁厚也是需要格外关注的问题。在3D打印中，零部件整体壁厚应在1.5 mm以上，以获得良好的机械性能，一般以2 mm为佳，若壁厚不足，建议在部分位置增加筋、肋等结构；在非主要结构处，一般建议壁厚不低于 1.1 mm；在样件表面有浮凸或凹陷字体或类似结构处，建议字体的最小宽度为 0.3 mm，一般以 0.4 mm 或 0.5 mm 为佳；若零件需要承受外部载荷，建议承载位置壁厚不小于 3 mm，具体的壁厚以承载力大小而调整。3D 打印对过厚的壁厚不像注塑件那样有严格要求，但考虑产品质量与加工成本，壁厚均匀的零件，壁厚一般不大于 5 mm；壁厚不均匀处，局部一般不大于 10 mm，且 3D 打印的零件不建议用来承受急剧的冲击载荷以及长期的交变载荷。

最后，在 3D 打印中，就算是同种加工方式，使用的材料不同、使用的机器不同，均会对最后产品的性能产生不同影响。现阶段，工业用 3D 打印多是用于对结构尺寸、力学性能要求均不甚严格的零件，若是对产品某一方面的要求超出本节所述，需根据具体的打印技术、产品设计进行综合分析，确定设计与加工方案。

（三）3D 打印零件的表面处理

针对 3D 打印技术与材料的不同，表面处理也有着多种不同的方式。对于 FDM 打印出的零件，由于 FDM 本身可以使用的材料种类、颜色均极为丰富，所以在加工阶段即可选择合适的材料，制造出不同颜色的零部件，故而一般采用 FDM 成型的材料，不建议再做表面处理。对于 SLA 打印出的零件，分为白色光敏树脂件与透明光敏树脂件，其中，白色光敏树脂件常做喷漆处理，根据需求可以做高亮、哑光等各种喷漆效果，不过光敏树脂对于漆层的结合能力不如机加工零件，尤其是高亮漆，漆层容易被硬物划落，故一般使用中建议喷哑光漆；对于透明光敏树脂件，3D 打印成型后，表面粗糙，均需进行表面打磨抛光，在打磨后表面粗糙度小于 Ra0.8，可以获得极为光滑的表面外观，此外，透明光敏树脂也可通过喷漆处理赋予其他颜色，外观效果极佳。对于 SLM 技术成型的零件，铝合金材料可以通过阳极氧化获得常规铝制件的表面外观；而对于不锈钢等其他金属，成品件表面较为粗糙，可以通过抛光来使其表面光滑，或者在成型后局部再使用机加工进行二次加工处理。

（四）3D 打印的局限性

现阶段，3D 打印技术在为我们提供简捷、快速、自由加工方式的同时，也有很多局限性是无法忽视的，需要我们理性看待。

对于 3D 打印来说，目前零件的长期稳定性和力学性能是其最大的问题，常用的 FDM 与 SLA 技术制造出的零件普遍呈脆性，在突变载荷或交变载荷的作用下易开裂损坏；而且，随着使用时间的延长，薄壁零件的变形、翘曲现象也会显得尤为严重。对于 SLA 技术而言，白色光敏树脂在成型后若是长期暴露于阳光或紫外光中，零件会渐渐变成淡黄色，对其外观也有极大影响。相对而言，SLM 技术由于是金属粉末烧结成型，零件的稳定性和力学性能都远远优于另外两种技术，但是，金属粉末烧结而成的零件与相同材质的铸件、机加工零件相比，综合性能方面仍有一定差距。

另外，3D 打印的产品精度以及表面质量也仍有很大优化、进步的空间，现阶段，3D 打印的零件，不论是精度、粗糙度，还是产品整体的表面质感，都与机加工、模具注塑工艺等传统工艺加工制造的零件有一定差异，故而目前 3D 打印的零件主要还是用来满足设计者在样品设计阶段的考量，以及小量生产、多次迭代的产品加工，无法当作一种正式生产工艺对零件进行加工。

(五)3D 打印未来的发展趋势

3D 打印与机加工方式各有自己的优点，比如目前结构设计中，经常在结构设计初期采用 3D 打印的方式进行验证，在正式批量化生产前再使用机加工的方式确认；而在 SLM 加工中，也时常采用 3D 打印与机加工相结合的方式来制作零件。灵活应用两种加工方式，可以很好地将 3D 打印和机加工中的优势相互结合、互补，相信在未来，这种优势互补的加工方式一定会在更多 3D 打印技术中得到应用，甚至催发出另一种新型的加工工艺。

目前，3D 打印在加工生产中仍有着各种各样的不足，但是瑕不掩瑜，3D 打印技术还处在飞速的发展阶段，作为一种快速、便捷的新型加工方式，在未来制造技术朝着智能化方向发展的过程中，3D 打印技术一定会有着更加广阔的发展空间。

第四节　3D 打印在建筑领域的应用

近些年来，3D 打印技术凭借其快速、绿色、环保、节能、节材、节约劳动力、高精度及自由度大等优点，受到制造业和工程行业高度重视。3D 打印技术可根据设定的程序命令直接打印出实体建筑物或建筑构件，具有建造速度快、不用模板支撑、可个性化定制、降低材料损耗和建造成本的特点，给建筑和土木工程领域注入了新活力，成为该领域研究热点之一。

一、3D 打印技术发展背景

目前，我国建筑业主要采用现场施工方式，即搭设脚手架、支设模板、绑扎钢筋和混凝土浇筑等，大部分工作是在施工现场由人工来完成，劳动强度大、建筑材料消耗量大、现场产生的建筑垃圾较多，同时对周围环境有较大的影响，如扬尘、噪声等，且劳动力成本不断上涨，施工成本日益增加，因此建筑施工机械化、自动化成为趋势。

3D 打印建筑技术是近年来兴起的一项新型智能化建造技术，其是将打印构件或建筑物模型利用切片软件进行 3D、2D 模型的分层处理，生成打印路由程序，然后将配置好的新型混凝土材料利用泵送系统输送到打印头，按照打印程序，通过控制系统，控制执行机构带动打印头按照打印路由行走，打印出精确的几何图形，通过层层叠加完成混凝土构件或建筑物的成型。

建筑3D打印技术为建筑行业的发展与变革带来了新思路、新格局，在解决困扰传统建筑施工的环境污染、资源浪费、人力资源短缺等问题上具有强大的应用潜力。3D打印建筑技术在如今建筑业的转型期和“新基建”战略发展期，将助力建筑业“数字经济”转型和升级。住房和城乡建设部颁发的《2016—2020年建筑业信息化发展纲要》中讲到“积极开展建筑业3D打印设备及材料研究；探索3D打印建筑技术运用于建筑模块、构件生产，开展示范应用”，建筑3D打印技术在建筑业的应用，具有改变建筑行业发展业态的潜力。

二、3D打印技术在建筑领域的应用优势

建筑3D打印技术作为一种新的建造技术，理论与实践工作者已开展诸多研究，其主要应用优点可归纳如下。

（1）推动建筑工业化：3D打印在建筑领域的应用，能够推动建筑业变革和创新发展。建筑3D打印技术能够减少建筑垃圾，也可以通过工厂进行构、部件的批量化生产，在一定程度上推动建筑工业化的进程。

（2）促进人工智能化：自适应自协调的群体机器人智能化打印是建筑3D打印技术研究的方向之一。目前，BIM与3D打印建筑技术结合已应用于建筑装饰工程，在三维建模中展现出了复杂构件与多曲面构造设计方案的效果，并通过3D打印出实体构件模型，直观、快速地表达设计方案。

（3）实现建筑数字化：建筑学科的发展离不开建筑技术创新，创新需要人才，相关研究关注了人才培养，同时建筑3D打印技术寄托了建筑人士将其作为建筑数字化发展的期待。

（4）推动可持续发展：建筑3D打印技术有着节能环保的优点，体现在能够很大程度上利用并减少建筑垃圾、减少施工浪费与节约建筑材料上。目前随着科技的发展与进步，围绕BIM技术、3D打印技术以及装配式建筑技术融合创新进行研究，可建筑业朝着高效、绿色和安全的方向快速发展。

三、3D打印技术在建筑工程中的应用案例分析

（一）工程概况

本项目为某产业园传达室，建造方式采用3D混凝土打印。此传达室主要功能为看门、登记、引导来宾等，设计场地尺寸为5.4m×8.6m，建筑面积在10m2 ~ 15m2

左右，建筑高度控制在 3m ~ 3.6m 内。对于建筑造型的设计，要基于 3D 混凝土打印的特性，并最终体现出 3D 混凝土打印较于传统混凝土建造方式的优势。

（二）设计思路

基于 3D 混凝土打印特性分析和造型生成研究，利用其打印优势，设计一个自由曲面建筑。考虑到传达室本身的设计要求，把南北两面的墙体和屋顶设计为一体化的曲面形体，直接打印拼装形成建筑主体，东西两面设为虚的面，形成虚实结合的建筑形体。在平面布局上，将出入口设置在东面，考虑到造型和结构上的需求，保留南面墙体的整体性，把接待窗口布置在西面。

此设计主要通过曲线放样成面和曲面切割形体来实现，将设置好的曲线放样生成曲面，并偏移得到墙厚 200mm 的形体，使用与其近似相切的曲面切割形体得到传达室主体部分，同时将建筑西立面和形体生成中得到的切割面设置为玻璃面，得到传达室最终造型形式。

整个建筑形体尺寸约为 4500mm × 3500mm × 3200mm，为配合形体造型，东立面选用曲面玻璃和普通玻璃两种，其中门的开启处用普通玻璃，同时，玻璃与墙体交接边界使用曲线元素来完成整个自由曲面形体的造型设计。

考虑到本设计的形式采用了屋顶和墙体一体化，并将其作为承重结构，因此利用 ANSYS 有限元分析软件对建筑主体结构进行强度分析。采用 solid65 实体单元将待分析模型划分好网格，在模型底部施加固定约束，同时对模型添加垂直向下的重力，求解分析结果显示最大应力为 3.04MPa，远小于混凝土材料的强度极限，由此可看出该建筑主体结构强度足够承重，符合要求。

（三）打印参数

此传达室项目选用 3D 混凝土打印为建造方式，由于合作单位的打印机可打印物品最大尺寸为 2900mm × 2900mm × 1500mm 和 2800mm × 2200mm × 1800mm 两种，因此，需要将建筑主体切分成模块进行打印。基于可打印尺寸的限制，将打印主体分割为平均尺寸为 2000mm × 200mm × 1500mm 的 12 个模块，并将其按位置进行编号。

基于 3D 打印要求，构件能打印最基本的条件是要至少保证有一个平面来作为打印时的基底面，所以将拆分的打印模块翻转方向来进行打印。而对构件打印可行性有影响的主要为构件的单层最大偏移量等因素，因此，对每一个打印模块的单层最大偏移量利用 Grasshopper 和 Rhino 平台进行计算，并结合打印试验结果对其进行预判断，预估其能否成功打印。每个模块的计算结果显示，单层最大偏移量一般在 2mm 左右，偏移最大也小于 3.5mm，而在 3D 混凝土打印试验的结果表明，构件可偏移量在 4.5mm 左右，因此所有模块都是在可打印范围内的。

（四）施工建造

项目建造时，主要步骤如下：设计图纸→结构体打印配横向筋→构造柱置筋→现场构件装配→完成主体装配→现浇构造柱→做屋顶防水→装门窗交付。

项目主要涉及节点构造位置有打印构件间的连接、墙体与地板的连接和门窗与墙体的连接三种。两个构件连接时，在竖向连接时主要用砂浆拼接在一起，而在横向连接时，构件打印时在端部流出凹槽，通过在凹槽处现浇混凝土利用类似榫卯的节点连接在一起，并在构件间添加横向钢筋提高其强度。对于墙体与地板的连接，其原理类似于构件间的节点，采用预留空间和钢筋的方式通过现浇混凝土连接。在门窗与墙体连接时，打印时预留出门窗孔洞，然后通过螺栓、自攻钉等将门窗框与主体结构连接在一起，最后再安装玻璃。

为了使此项目更具特色，将与传达室连接的围墙部分设计为基于正弦曲面的3D混凝土打印模块堆砌的参数化墙体，基本砌块尺寸为300mm×300mm×300mm，添加随机变量之后每个砌块都不一样，既能体现出3D混凝土打印的个性化建造同时也能呈现出其能打印任何几何形状的能力。每个砌块单独打印，其最大偏移量在9.1mm左右，虽然偏移量较大，但是由于砌块本身尺寸很小，上层对下层的即时承重能力要求较小，且不连续偏移时单层可最大偏移量在10mm左右，因此，这些砌块还是在可打印的范围内的。砌块打印完成后，运输到现场通过砂浆对其组装成整体即可。

（五）3D打印技术在建筑领域的应用难点与研究方向

建筑3D打印作为一种新技术，在材料性能要求、设备性能与材料匹配性等方面有众多问题有待解决，如何在保证混凝土材料的流变性和可塑性的前提下，将其快速、均匀的搅拌、泵送、挤出，并打印成型，同时满足建筑物各方面性能要求，是目前需要解决的主要问题。

1、应用难点

建筑3D打印技术的应用难点主要体现在以下几个方面：

（1）目前水泥砂浆是建筑3D打印的主流选择，具有颗粒度大、流动性差等特点，对其进行在线测量流量、流速、自动控制调节阀门等精细化控制较难实施。

（2）建筑3D打印材料易凝固堵料，导致供料系统易故障，长时间连续供料较难。

（3）现有建筑3D设备自动化、智能化程度较低，目前打印过程中人工辅助工作量仍需进一步减少，降低人力、物力的耗费。

（4）现有设备使用限制性较大，设备尺寸限制打印构件尺寸、打印对象限制设备形式、打印材料限制设备选型等。

（5）现有打印材料的泵送装置、挤出装置及打印工艺后期清洗技术方面尚未成熟，若未能高效地清洗干净打印头喷嘴内部而导致部分打印物料残留淤积，轻则影响后续打印过程中的成型质量，重则直接导致装置堵塞及损坏。

（6）3D 打印建筑尚无统一的标准规范，导致技术应用推广受限，多以示范工程为主，尚未作为正式的施工技术进入建筑市场。

2、研究方向

打印材料方面。材料技术是建筑 3D 打印最重要的技术之一。研究材料性能以及某种材料的工艺方法，是建筑 3D 打印的关键和根本。并且材料学与 3D 打印技术相互促进、相辅相成。一方面，材料性能关系到建筑质量和安全，从材料性能入手研究打印材料、构件、结构等的力学性能，能保证建筑物的安全性并形成相应的标准体系；另一方面，对于低成本打印材料的研究，也是材料研究的一个方向。建筑 3D 打印推广遇到的问题之一就是成本，研究低成本材料，让变“废”为“宝”成为现实，符合可持续发展的要求。

打印设备方面。原位打印是建筑 3D 打印施工工艺追求的目标，因此，支持原位打印的通用设备原位打印机的研究是未来研究的一个方向。异型建筑，古建筑的修复，个性化以及美观等都要求打印设备的灵活性和便捷性。建筑 3D 打印机是 3D 打印机在建筑领域的一个应用和延伸，但由于建筑业本身带有的行业特色，对 3D 打印机的要求比打印其他物件更高。因此，开发专业新型的 3D 建筑打印机以及相应的软件体系，打造满足不同类型建筑建造需求的设备体系，就显得尤为重要。打印建筑需要的材料不仅要有较好的打印性能（如流动性），同时要满足建筑需要的抗拉、抗弯和抗裂等性能。因此需要研究建筑打印材料，使其多样化、系统化，更好地满足实际建筑项目的需要。3D 建筑打印机、打印材料与 3D 打印技术互相促进、相辅相成。打印设备、材料的研究是 3D 打印技术研究和发展的关键，同时 3D 打印技术的发展又对打印设备和材料的研究产生重要影响。

专业人才培养。3D 打印技术在建筑领域的应用，虽然受到国家政策的大力支持，但大众对其安全性的接受和认可还有待提高。建筑 3D 打印涉及材料、设备、设计等众多参与方，都需要专业化的人才，加之 3D 打印建筑技术还未完全成熟，许多新兴领域研究力度不够，难以独成体系，例如非金属材料、物联网等，因此需要专业人才的培养。

综上所述，3D 打印技术在建筑领域中的应用，本质是一种数字化、自动化建造技术的初步应用。由于3D 打印技术仍处于初级探索阶段，其对于建筑材料的要求比较高，而且不能对打印过程进行更改，因此，现有 3D 打印技术并不能完全应用到建筑施工之中。随着进一步地深入研发，建筑混凝土 3D 打印将全面改变建筑施工模式，进一步推动绿色建造、智能建造的步伐。

第五节 3D 打印在社会发展中的应用

3D 打印是快速成型技术的一种，也称“增材制造”。以数字模型为基础，通过软件分层离散和数控成型系统，利用激光束、电子束等工具将食用（植物蛋白、动物蛋白）、金属、陶瓷、医用树脂、薄膜、特殊合金等材料，经过逐层堆叠、层层打印，制造实体产品的过程。相比传统的模具制造、机械加工而言，3D 打印技术更加“先进快捷”。3D 打印只要能生成三维数字模型，就能打印所需要的产品。3D 打印技术具有节时、节能、个性化定制、高精度、高复杂、降低组装成本等优点。在医疗、食品加工、航天、文物修复、建筑等方面因其特殊的加工方式而得到了广泛的应用。

一、3D 打印技术的成型工艺

3D 打印技术的成型工艺分为：熔融沉积式（FDM）、电子束自由成形制造（EBF）、直接金属激光烧结（DMLS）、电子束熔化成型（EBM）、选择性激光熔化成型（SLM）、选择性热烧结（SHS）、选择性激光烧结（SLS）、分层实体制造（LOM）、立体平版印刷（SLA）、数字光处理（DLP）等。

1、熔融沉积式（FDM）。以热塑性树脂、食用材料（面粉、巧克力、牛奶等）、热熔共晶金属、高柔性材料为打印原料，用高温喷嘴将材料加工成熔融状态，根据 CAD 的工件截面轮廓信息，沿水平面运动，一层截面成型后进行下一层的堆积，如此循环，直到三维产品成型。该方法特点是使用和维护简单、成本低、速度快，可以用作小批量生产。

2、电子束自由成形制造（EBF）。以铝、镍、钛、不锈钢、合金等材料，首先创造一个真空空间，利用高能量的离子束对金属材料表面进行轰击，轰击后会在表面形成熔化池，金属材料在熔化池内熔化，并按照预先规定的路径运动，使金属逐层堆叠凝固，形成致密的合金，直到制造出金属零件或毛坯。该方法特点是成形速度快、材料利用率高、无反射、能量转化率高。

3、直接金属激光烧结（DMLS）。以镍基、钴基、铁基合金、碳化物复合材料为原料，通过二氧化碳激光器产生激光，对激光进行传输，用振镜进行控制，使合金粉末融化，一层一层叠加形成产品。该方法特点是结合强度高、变形小、熔覆工艺好、工艺时间短。

4、电子束熔化成型（EBM）。以导电金属为材料，用逐层制造法制成密实度与锻造件完全相同的零件。在一层钛粉膜熔化并凝固后，下一层钛粉膜重复施行，直至整个零件制成。该方法特点是熔炼温度高、炉子功率和加热速度高、提纯效果好。

5、选择性激光熔化成型（SLM）。其材料同电子束自由成形制造技术类似，以金属和合金材料为主，利用金属粉末在激光束的热作用下完全熔化，经冷却而凝固成型的一种工艺。该方法特点是产品力学性能好、精度和表面质量有保证。

6、选择性热烧结（SHS）。以热塑性粉末为材料，使用的热打印头，被保持在升高的温度下，这样的机械扫描头只需要提升的温度稍高于粉末的熔融温度，以选择性地结合，直到产品成型。该方法特点是价格实惠和高质量的印刷。

7、选择性激光烧结（SLS）。以金属、陶瓷、塑料等材料的粉末为原料，采用激光有选择地分层烧结固体粉末，并使烧结成型的固化层层层叠加生成所需形状的产品。特点是材料适用面广、精度高、强度高。

8、分层实体制造（LOM）。以纸片、金属薄膜、塑料薄膜等为材料，将其背面涂有热熔胶的材料用激光切割，切割完一层，将新的一层叠加上去，用热粘压黏合在一起，然后切割、黏合，直到三维物件成型。其特点是成本低、效率高、模型支撑性好。

9、立体平版印刷（SLA）。以液态光敏树脂为材料，通过计算机控制紫外激光使其凝固成型。其特点是精度高、强度和硬度好，可制造出较为复杂的空心部件。

10、数字光处理（DLP）。以光硬化树脂为材料，用数字光源以面光的形式在液态光敏树脂表面进行层层投影，层层固化成型。特点是超高精度、表面光滑、材质好。

二、3D打印技术的应用现状

（一）在医疗领域的应用

在医学应用中是通过以下过程来构建三维模型的：医学图形图像三维重构技术→CT\MRI断层数据导入Mimics→通过阈值提取轮廓→利用软件区域增长工具进行热选择→生成三维数字模型。

1、3D打印牙齿

3D打印牙齿以医用型树脂为原材料，采用SLS技术。3D打印在口腔医学方面的应用包括：修复领域、正畸领域、种植领域、颌内外科领域。在修复领域，可以通过3D打印技术制作义齿、牙模、仿真牙龈、咬槽骨等。在种植领域，在实施手术前，先用3D打印技术打印患者牙齿模型，通过对模型规划进行手术；这样不仅可以减少手术的误差和风险，还能使义齿的植入更加贴合人体。在正畸领域，可以制作各种个性化的正畸产品，比如，3D打印正畸牙套，可以让患者一次就诊当场戴牙。不仅极大地提高了生产效率，而且还能给患者美观舒适的体验。

2、3D打印骨骼植入体

3D打印骨骼主要用到熔融沉积技术、立体光刻技术和选择性激光烧结技术。3D打印骨骼用到材料如下：金属材料、无机材料、有机材料等。医生可以使用计算机断层扫描技术获取患者的创伤骨骼的三维数字模型，并根据患者的伤势情况做出调整，打印出符合患者的创伤骨骼模型。医生可以通过参考3D打印实体模型进行手术模拟，优化手术过程。3D打印还可以打印一些如骨钉、骨板等创伤植入体模型，使用具有生物活性的可吸收材料，来达到帮助骨骼矫正恢复的作用。因为这些材料具有生物活性可以被人体所接受，并不需要作额外的手术取出，防止二次伤害，影响患者康复。

3、3D打印活体器官

3D打印可以用来打印人体器官雏形，先建立器官的三维数字模型，根据3D打印机建好的三维数字模型逐层打印出实物模型。此3D打印机有两个打印头，一个放置患者的人体细胞，被称为“生物墨”；另一个可打印“生物纸”，其成分主要是水的凝胶用作细胞生长的支架。因为3D打印机所采用的是患者的人体干细胞，所以并不会发生排异反应。其过程是先在打印机中生成已经建立好的三维数字模型，先把3D模型打印好，然后将一层细胞置于另一层上，打印完一层生物墨细胞，再补上一层生物纸凝胶，直到新器官打印完成。

4、3D打印皮肤、义眼和假肢

人类皮肤是由真皮层和表皮层组成，真皮层主要由成纤维细胞构成；表皮细胞由角质细胞、黑色素细胞等构成。3D打印皮肤的结构必须类似于人体皮肤才不会发生排异反应。3D打印皮肤所需要的生物材料分为真皮层和表皮层，真皮层材料是“特殊生物墨水”于成纤维细胞等材料的融合；表皮层材料是“特殊生物墨水”于角质细胞、黑色素细胞等材料的融合。这种特殊的生物墨水一般由凝胶和血小板等细胞组成。

传统手工制造义眼，如何使眼窝与义眼完美匹配也是一个很大的挑战。传统义眼是一种“奢侈品”，因其制造困难和耗时较长，所以其价格居高不下。义眼并不能视物，但其可以帮助促进眼部肌肉的活性，也可以帮助那些先天眼睛有缺陷的儿童，使其外貌接近正常儿童以避免受到歧视。3D打印义眼是通过CBCT扫描来制作3D打印模型。3D打印义眼最困难的一步是如何得到眼睛的精确三维数字模型。

人们的肢体一旦受到损伤，会给生活带来数不清的麻烦，3D打印假肢就应运而生。3D打印假肢所用的材料是钛金属，因其耐用、轻质、生物相容性非常好，而广泛用于生物领域中。3D打印与传统手工制作相比更加适应人体需要。3D打印假肢可以根据患者的需要进行个性化的制造，因其材料的高利用率和高性能，使打印的假肢不仅在使用上更加贴合舒适，而且非常轻便，不会给患者带来额外的负担。

5、3D打印药丸

立体光固化成型（SLA）技术可以用于制作3D打印药物。能在打印前将药物与光固化结合在一起，保持药物内部的“固化矩阵”，从而减少药物降解。2016年3月，FDA批准的癫痫药物“SPRITAM”便是使用3D打印技术制造药片特殊的结构，以便其更快速溶解。

6、3D 打印医用器械

3D 打印技术在特殊医用器械的制造中被广泛应用。3D 打印产品在辅助治疗方面：如矫正器、助听器、导航板、关节支架等诸多医疗器械，已经在临床医疗中得到大规模应用。手术器械方面：进行不同的手术要用到不同的手术器械，当遇到特殊的病人要用到“独特”的医疗器械进行手术。传统制造工艺对于这种“独特”的医疗器械进行制造远没有 3D 打印技术的效率高，而且 3D 打印技术可以满足其所需要的任何器械（理论上）。

（二）3D 打印在文物修护中的应用

历史上遗留下来的遗迹、文物都具有重要的历史价值。任何的文物、遗迹都是当时科学技术水平的体现，反映了当时的政治、经济、军事和文化状况。对于研究古代的风土面貌具有重要的文化价值。但是文物或遗迹出土后，如何修复是一个关键的问题。3D 打印技术与传统工艺相比，把加工材料依据不同的形状分为点、线、面三种类型；依据材料的不同分为金属材料、陶瓷材料、非金属材料、塑料材料等，通过 3D 打印文物修复可以省略很多中间步骤，缩短所需的工期，减少能源损耗，降低技术的门槛需求。3D 打印技术通过对文物的三维立体扫描，得到文物的外部形状点集，再把这些点集输入到计算机终端进行过滤和建模。

使用 3D 打印技术首先要采用信息采集技术，建立虚拟三维模型需要三个步骤：建立虚拟 3D 模型→处理虚拟 3D 模型→打印虚拟 3D 模型三个步骤。其中建立虚拟 3D 模型是最为困难的，文物出土后对其建立三维模型是很困难的，要用到特殊的扫描仪器。这时要用到手持式的三维扫描仪对文物进行 360 度的扫描建立三维数字模型，手持三维扫描仪进行全方位无死角的扫描，在对文物进行扫描时，不仅要把握扫描仪的平稳性，还需要把实体文物模型全面覆盖。为了使扫描的数据更加完整，我们需要扫描多组数据栈，为后面的数据处理工作和实体建模做基础。需要关注的是在扫描过程中要注意物品的摆放位置，以便于在扫描中能把所有的数据采集到。

（三）3D 打印在食品加工中的应用

3D 打印食品主要以 3DP 和 FDM 技术为主，以面粉、牛奶、果汁、奶酪等为材料为主。

3D 打印甜点：可以打印出“独特的造型”，满足人们的需要。根据打印材料的不同，可以打印不同种类的食品。例如：特殊造型的巧克力、糖果、蛋糕、奶酪、小吃等。其中以巧克力为材料打印的甜品非常受年轻人喜爱，他们认为这是“爱情的象征”。消费者可以通过 3D 打印技术打印出自己满意的产品。

3D 打印肉制品：消费者可以根据自己所需要的营养成分来调整打印材料，从而打印出自己需要的肉制品。对于儿童、孕妇、医院病人等特殊人群，3D 打印可以制作出他们“量身定做”的产品。3D 打印肉制品可以在原材料上做出调整，用丰富蛋白质的昆虫和植物蛋白来作为原材料，可以提高人造肉的蛋白质水平。

3D 打印航空食品：原材料简单易得，人们可以通过随心搭配来生产出自己需要的食品，这些食品更容易保存，其中的碳水化合物、蛋白质等营养物质以及各种微量元素在没有水分的情况下可以保存几十年。因此可以使用高营养的材料采用 3D 打印技术来打印食品，为我们的身体健康和高效工作提供基本保障。

（四）3D 打印在服装领域的应用

3D 打印服装主要使用 FDM 成型工艺。3D 打印服装要借助人体以外的空间，用工艺手段和面料性能来搭建一个人体、面料共同构成的立体三维模型，以满足消费者对于功能性和审美的要求。3D 打印构建的三维模型，既体现了服装的功能作用，又展示了服装的装饰表现特征。目前 3D 打印在服装的应用有鞋子、内衣裤、礼服、裙子等。通过 3D 打印技术不会余下废料，也不需要制版，加工过程更加方便环保，颠覆了传统的服装制作流程。

（五）3D 打印在航空航天中的应用

3D 打印技术在航空制造领域的应用主要集中在三个方面：产品外形验证、直接产品制造和精密熔模铸造的原型制造。航空工业 3D 打印材料主要集中在钛合金、铝锂合金、超高强度钢、高温合金等材料，这些材料基本都具有强度高、化学性质稳定、不易成型加工、传统加工工艺成本高昂等特点。而在 3D 打印技术方面，航空领域应用较多的 3D 打印技术主要采用 SLM（选择性激光熔化）、EBM（电子束熔化）、DMLS（直接金属激光烧结）等技术形式。3D 打印技术在卫星产品一体成型中有着不可替代的作用，目前可用 3D 打印的部件有蜂窝板、桁架和卫星贮箱。航天领域的 3D 打印技术的发展对于一个大国而言非常重要。

（六）3D 打印技术在传统机械制造中的应用

在传统机械制造中比较困难的是精度问题，一个部件一旦精度达不到就等于是废件，浪费了大量的人力物力。而 3D 打印的特点是定制化、生态化、智能化，这对于传统机械制造来说是一个光明之道。3D 打印技术可以大幅提升机械制造成品率，切实确保产品质量，助力机械制造的产业发展。3D 打印可应用于样品生产、新产品研发、特殊环境的零部件。

样品生产：有的厂家要展示自家的大型机械产品，但是这样对与运输和场地来说要求太高，要提前准备就会浪费很多的人力物力。可以运用 3D 打印技术对那些体型巨大的大型机械进行三维建模，打印它们的“展示产品”来体现机械的性能。

新产品研发：若以传统的加工方式来加工新产品机械模型，成本太高、周期太长，3D 打印技术可以快速地生产机械模型，加快新产品成熟速度。

特殊环境产品：在太空中的机械损坏的速度较之要快得多，这时要经常更换零件来保持机械的正常运转，需要 3D 打印技术生产无数种零件来作为备用。

（七）3D 打印在建筑行业中的应用

3D 打印技术在建筑物重建方面：通过文献和影像资料获取建筑物 3D 模型信息，参考原建筑物的尺寸和外形进行打印。通过混凝土 3D 打印技术进行批量打印，可以快速地恢复受灾人群“无处可住”的现状，能间接重振灾民精神，恢复原有的生产秩序。构筑物的重建工作偏向于城市或者社区标志物的重建，此类标志物形态大都较为规整，材质较为沉重，与混凝土表现的粗犷感相吻合，借助混凝土打印工艺，不仅能在灾区本地建立构筑物，亦能以目标构筑物的模型为原型，在其他地区进行仿制，将局部地区的教育和纪念价值拓展到更大范围，通过技术手段升华构筑物的文化价值。

3D 打印在建筑行业主要有四种技术：轮廓成型工艺、混凝土打印、D 型打印技术、数字建造。可以根据建筑的不同要求采用不同的打印技术，得到令人满意的“个性化”建筑。独特的建筑要用到独特的材料，而且有的建筑风格用传统的建筑工艺太过烦琐，3D 打印建筑可以应用不同场合不同需要的人群。

3D 打印技术是综合了控制技术、信息技术、三维数字技术等众多技术的新型技术产物。根据材料和需要的成型工艺，3D 打印技术可以进行多方面的制造，以满足社会对于“个性化”的要求。

在医疗方面：3D 打印牙齿采用 SLS 技术，用医用树脂为原材料。3D 打印骨骼采用熔融沉积技术、立体光刻技术和选择性激光烧结技术，用金属和陶瓷材料进行打印。3D 打印药丸采用 SLA 技术。3D 打印器官采用患者自身的细胞作为原材料，不会发生排异反应。3D 打印皮肤和义眼技术还不成熟，需要时间沉淀。3D 打印医疗器械已经在临床上得到广泛应用。

文物修复方面采用三维扫描构建实物模型，逐层打印成实体。食品加工方面主要以 3DP 和 FDM 技术为主，用面粉、牛奶、果汁、火鸡肉、奶酪等材料进行打印。年轻人更加青睐“独特类型”的巧克力。服装方面以 FDM 技术为主，用不同性能的面料打印不功能的服装。目前，已经用于鞋子、内衣裤、外套、礼服、裙子等实体打印。

航空航天方面 3D 打印技术用得最多的是 SLM、EBM、DMLS 技术，主要用来打印各种高精密的零部件。在传统机械制造方面，3D 打印技术凭借其优良的成型工艺，已经被广大制造公司接受。在建筑物重建方面，3D 打印技术可以凭借轮廓成型技术、混凝土打印、D 型打印技术、数字建造等技术来快速完成房屋的构建、建造成型，还可以给人一种独特的“科技范”。

综上所述，3D 打印发展得非常迅速，在社会生活中各个方面都有涉及，但是精确到一个类型的一个具体方面还没有完成覆盖，以上介绍各个方面的 3D 打印技术可以为以后 3D 打印的探索和研发提供参考依据。

第六节　混凝土 3D 打印的研究与应用

3D 打印技术（3D printing technology）是一种快速成型技术，又称为增材制造。是一种以数字模型文件为基础，运用各种可印制（或可打印）的粘合材料，通过逐层打印的方式来构造物体的技术。

随着 3D 打印技术的研发，越来越多的人意识到 3D 打印技术的可拓展性，该技术也被越来越多地应用在更多更广的领域。从开始的塑料材料 3D 打印技术，到之后与医学、航天、制造业等的合作与融合，都印证了 3D 打印技术具有高度的包容性和产业技术革新性。

综上所述，电子胃镜检查是诊断钩虫性十二指肠炎综合征的有效且可靠的诊断方法，做到早发现、早诊断、早治疗。

美国的风险投资公司——黑石公司（Blackstone）拥有着 Service King 事故车维修集团。2018 年 4 月，黑石公司以 5.08 亿澳元的价格收购了 AMA 集团的事故车维修业务。通过拆分，AMA 集团保留了原有汽车零部件、汽车配饰用品以及采购等业务模块，并组建成立了一家新公司。

建筑行业也不例外，可以通过 3D 打印技术生产出更精确，甚至近乎完美的组件。此外，采用 3D 打印技术有着无须搭建混凝土浇筑模板即可打印建筑构件或建筑，打印系统的智能化和操作流程的简单化，打印施工只需配置少量人员即可完成部品或建筑等诸多优点。目前，关于建筑建材的 3D 打印技术还处于初始阶段，需要更多的试验研究去发展和完善现有的 3D 打印技术，使其成为成熟且具有工程意义的高水平技术。

本节主要对 3D 打印材料与工艺及 3D 打印混凝土的试验方法与相关应用进行综述，并对混凝土 3D 打印技术存在的问题及未来的方向提出看法。

Marchment 等通过研究提出一种新的重叠网格钢筋方法来模拟连续网格，并对机器喷嘴进行新的设计，试验和计算结果表明，试样的破坏不是由于网格与打印材料之间的黏结破坏，而是由于钢的屈服和断裂破坏，这表明叠合网格作为一种功能连续加固是有效的，且喷嘴的设计也是有效的。

一、混凝土 3D 打印材料与工艺研究

3D 打印材料的通用性来自系统的多样性，但对于每个具体的应用，可用材料仍然是有限的，仍有待进一步探索。如今，国内外有不少关于混凝土 3D 打印材料的研究，

关注点主要在水泥基材料本身及外加剂或纤维增强上，从而改善混凝土 3D 打印过程中的构件性能或打印能力。

（一）混凝土 3D 打印材料研究

此外，也有研究者从钢混结构中的钢筋入手研究。Mechtcherine 等通过对钢筋混凝土结构的研究，发现迫切需要将 3D 打印结构原件的加固技术向前推进，提出了气 - 金属电弧焊 3D 打印钢筋的新工艺，并进行新型钢筋的力学性能研究，结果表明，与传统钢筋相比，3D 打印钢筋的屈服应力和抗拉强度降低了约 20%，但是表现出明显的屈服能力和更高的应变能力，同时，打印钢筋与可打印细粒混凝土的结合性能良好，可与普通钢筋的结合性能相媲美；所开发的基于气电弧焊的 3D 打印工艺使钢筋生产具有足够的几何精度和几何自由度，生产速度合理。

石丛黎通过对 3D 打印混凝土技术的试验和初步探索，发现采用普通水泥和快硬性水泥的复配，能够解决普通水泥凝结时间长而导致的构件打印强度支撑问题，因为快硬水泥能在短时间内提供支撑结构其他未凝结硬化部分的强度，同时，采用轻质集料减轻混凝土材料自身的重量也可以增加打印的高度。邱鹏鹏在开展硫铝酸盐水泥作为 3D 打印材料研究时发现，硫铝酸盐水泥具有凝结硬化快、早期强度高、后期强度仍稳定、收缩率低、低温性能好、耐腐蚀性能强等优点，是理想的作为 3D 打印的胶凝材料，而且，硫铝酸钙盐水泥的加入，能够通过提高水泥浆的屈服应力使得打印后的各层砂浆具有更好的可建造性。

3D 打印混凝土的性能不仅与水泥有关，材料中的砂率也会有影响。当砂率小于 0.235 时，随着水泥掺量的增加，混凝土的静屈服应力也会随之增加，但对高砂量（大于 0.24）而言则相反。

此外，外加剂或纤维增强也能改变 3D 打印混凝土的打印性及性能。石丛黎等和 Rubio 等在其材料中加入聚丙烯纤维、增稠剂及自制的柔性调节剂，发现纤维和外加剂能提高材料的触变性、柔顺连续性。而引气剂的使用，不但能够降低混凝土的弹模，提高混凝土的抗渗性能、抗冻性能，更重要的是引气剂引入微小、均匀独立气泡，起到了滚珠效应，使骨料颗粒间摩擦力减小，增加了水泥浆体的体积，降低混凝土的塑性黏度。

雷斌等进行了 3D 打印混凝土材料的制备方法研究，在混凝土中加入活性矿粉，发现粉煤灰、硅粉、矿粉、陶瓷抛光砖粉等矿物掺合料的活性成分能大幅提高打印构件的强度及结构的致密度，从而提高材料的耐久性能和结构的使用寿命。Tohamy 等通过在混凝土材料中加入聚丙烯纤维进行 3D 打印研究发现，聚丙烯纤维可防止打印混凝土样品剥落，在一定程度上优化混凝土在打印机输出端口的挤出过程，并得到均匀、连续的打印试体结构，同时，聚丙烯纤维可在一定程度上抑制混凝土构件裂缝开裂，但是聚丙烯纤维掺量过多会降低混凝土的抗渗性能。Kazemian 等发现相对于聚丙烯纤维，硅灰和纳米粘土的混合效应对于 3D 打印混凝土的影响更明显，且提高了混凝土打印后的形状稳定性，但是，单就硅灰和纳米粘土的比较而言，硅灰的水化反应强于纳米粘土，而纳米粘土在静止状态下的结构重建变化率较好。

Rubio 等研究不同的配比对 3D 打印砂浆流变特性和新鲜性能的影响，结果发现，添加 24% 的粉煤灰和 8% 的硅灰能够显著增加砂浆的强度、黏结性能、结构均匀性和稳定性，同时还降低了砂浆的流动性、泌水和层间隔离度，提高了砂浆的挤出性能。Ma 等采用铜尾砂与天然砂的质量替代比的六种混合方法研究 3D 打印混凝土的最佳配比，结果表明，由于铜尾矿颗粒较细，以坍落度、扩展度和 V 型漏斗时间为特征的新浆料流动性随尾矿置换比的增大而增大，但混凝土的可打印性随之降低。

对于 3D 打印混凝土而言，混凝土本身的性能是一个重要的考量因素，需要采用合适可行的方法对混凝土的各项性能进行研究。

试剂：0.6% 铁氰化钾溶液、0.9% 三氯化铁溶液，铁氰化钾—三氯化铁试剂（现配现用）、0.1 mol/L 盐酸溶液、香草醛标准溶液、无水乙醇、蒸馏水等。

Tay 等通过分析矿渣粉因素和混凝土自身数据发现，水胶比和砂胶比对混凝土坍落度和扩展度的影响要大得多，进而提出坍落度在 4 ~ 8mm、扩展度在 150 ~ 190mm 的混合物具有光滑的表面和很高的可建造性。Panda 等对硅灰和粒化高炉矿渣（ground granulated blast-furnace slag，GGBS）的研究表明，GGBS 对于水泥砂浆的新拌能力改善作用有限，但对其早期抗压强度影响显著，GGBS 的加入可能促进了均质微观结构的发展，并产生了更强的三维网络，而硅灰的加入对控制混合物在生料阶段的屈服应力和黏度有一定的作用。

Liu 等研究了砂、水泥、粉煤灰三元体系对材料静态屈服应力和动态屈服应力的影响，结果发现，当砂率体积分数小于 0.235 时，材料的静态屈服应力随粉煤灰掺量的减少而增大，此外，动态屈服应力随粉煤灰掺量的增加而减小，当砂率体积分数达到 0.28 左右时，则随水泥掺量的增加而增大。Rahul 等发现在 3D 打印混凝土中加入纳米粘土可提高混合物的强度，屈服应力也随纳米粘土含量的增加而增加，此外，黏度改性剂（viscosity modified agent，VMA）和硅灰的加入也会使混凝土的强度变高，稳定性更好，同时还发现，屈服应力随着 VMA 和硅灰的加入而增加。

Mazhoud 等探讨制造水下 3D 打印材料的可能性，通过在砂浆中加入水下不分散剂（anti-washout admixture）来研究其性能，结果表明，随着 W/C 和水下不分散剂含量的增加，结构累积速率逐渐减小，此外，水下不分散剂的加入降低了砂浆的渗透性。

不管是水泥种类的优选，还是辅助胶凝材料 / 外加剂的选用，或是纤维的掺入，都会显著影响 3D 打印混凝土的性能，带来一定的正面效果。但实际应用中也发现，过量掺入纤维会带来消极的影响。而较多研究表明，硅灰的掺加能够使混凝土的流变性能和可打印性达标，因此，硅灰或是提升3D打印混凝土性能的较好材料。

（二）混凝土3D打印工艺研究

除了材料本身，混凝土3D打印质量的好坏也和机器、材料配比、流变性能等有密切关系。

蔺喜强等通过对快硬早强混凝土的3D打印研究发现，打印混凝土的工作性能和凝结时间控制是材料可打印施工的关键指标，需根据3D打印工艺流程和打印速度调节至适合于打印，结果表明，初凝时间20 ~ 60min，砂浆流动度170 ~ 190mm，强度等级C40 ~ C50，可满足一般的建筑部品或构件的打印需求。Ma等通过用铜尾砂与天然砂的质量替换，确定了以水胶比为0.26，砂尾比为3：2，由70%的水泥、20%的粉煤灰、10%的硅灰和1.2kg/m3的短切聚丙烯纤维组成的配比能够得到最佳的和易性。

Khalil等研究出了利用普通硅酸盐水泥与硫铝酸钙盐水泥复掺的方法，最终配制出由93%的普通硅酸盐水泥和7%的硫铝酸钙盐水泥复配，水灰比为0.35，砂灰比为2，减水剂为0.26%的砂浆配比，其打印层数可以叠加到超过25层。

张大旺等通过对3D打印混凝土材料及技术的研究发现，机器喷嘴的大小决定了混凝土拌合物配制中的颗粒大小，且必须找到最合适的骨料粒径大小，粒径过大，会堵塞喷嘴，而粒径过小，包裹骨料所需浆体的比表面积大，浆体多，水化速率快，单位时间水化热高，会导致混凝土各项性能恶化；同时，3D打印试样的力学性能也受到喷嘴形状、打印对象的复杂程度等打印参数的影响。

Xu等将混凝土3D打印技术与历史建筑进行融合，利用混凝土3D打印技术和扫描技术对历史建筑的混凝土构件破坏部位进行修复，效果良好，证明3D扫描技术和3D打印技术的结合可以解决历史建筑修复中普遍存在的问题。最新的3D建模和打印经验表明，需要引入新的专业技术来支持考古学家、建筑师、工程师和修复者，需要使用与仪器测量相关的数字技术，以实现3D建模和实体打印。

Weng等研制了一种新型的三维可打印纤维增强胶凝复合材料（3D printable fiber reinforced cementitious composite，3DPFRCC），并进行了大规模打印试验，在150分钟内成功打印出78 × 60 × 90cm3的结构，表明该新型3DPFRCC具有良好的可建造性和可泵送性，同时证明了所研制的材料具有良好的流变性能和力学性能，适用于大规模打印。Jeong等研究出一种新的算法，快速得出所需的流变特性，以防止在打印过程中混凝土的坍塌，在该模型中，新浇混凝土为Herschel-Bulkley流体，假定在层状混凝土最大剪应力超过屈服应力之前不发生变形，试验表明，通过计算流体动力学的分析结果，该模型能够非常准确地预测坍塌的发生及位置。

材料和打印机也都扮演着重要的角色。Gosselin等依据现有混凝土工程的局限性提出了新的工艺，研制了一种六轴机械臂，实现了几何复杂性和打印的全面系统控制。Zuo 等通过对 3D 打印技术的研究，提出了一种基于尺度 3D 打印的三维设计模型合理性评估和全尺寸 3D 打印参数优化方法，并研制了一种用于全尺寸结构打印的五轴打印设备和大型龙门式高刚性 3D 打印机，在节约打印时间和材料的同时，3D 打印桥梁模型与实物的最大偏差控制在 0.9mm 以内，平均偏差在 0.1mm 以内。

在鱼、蟹、甲鱼等养殖中，也可以套种一些青虾、黄鳝等新品种来养殖。还需要促进整体的混合养殖，将龟、蟹、青虾等养殖品种和鱼类进行混合养殖，可以将其中的一个品种作为主体，并在有限的水体资源中充分应用，将达到经济效益的提升。

目前，3D 打印混凝土胶凝材料主要以无机材料为主，如硅酸盐水泥、干混砂浆、粘土类、专用石膏材料等，也有以环氧树脂为主要代表的有机材料。

地表一般分布第四系上更新统一全新统洪积含砾粉土层，厚 0.5 ~ 1m。下覆基岩岩性主要为下白垩统土黄、红黄色泥岩，局部夹砂岩、泥质粉砂岩及少量泥质砂砾岩，泥岩呈巨厚层状，断层和节理裂隙不发育，地下水埋深 23.6m，洞身多处于地下水以下，以渗水、滴水为主，局部竖井段存在线状流水；地下水对混凝土具有硫酸盐型强腐蚀性，对钢筋混凝土结构中的钢筋及钢结构均具中等腐蚀性。该段属极软岩，强风化层厚 3 ~ 5m，弱风化层厚 11 ~ 15m，洞身处于新鲜岩体内，泥岩的自由膨胀率一般为 50% ~ 60%，属弱膨胀岩，宜产生塑性变形，属Ⅴ类围岩。

混凝土 3D 打印技术现在仍然处于初探或起步阶段，3D 打印机器是一个亟须解决的问题，材料的配比也是如此。现有研究成果表明，多轴器械能够更好处理复杂的 3D 打印图形，但复杂的 3D 打印图形对混凝土在快硬或可操作性上有更高的要求。而对于材料配合比来说，目前的配合比研究都是基于使用某种外加剂的前提下所提出的经验性配合比，仍然缺乏通用性的配合比方法及相关理论研究。因此，不管是机器，或是材料配比，都需要系统、深入的研究，缺一不可，否则会出现在实际工程应用中各部分无法匹配兼容的问题。

二、3D 打印混凝土性能试验方法研究

Panda 等指出，短切玻璃纤维的加入能够对 3D 打印混凝土的力学性能有显著提高，尤其是当短切玻璃纤维掺量为 1% 时，在不同方向的抗弯、抗压试验中均对抗弯强度和抗压强度有所增强。Hambach 等对纤维进行热处理，提高纤维的分散性和亲水性及纤维与胶凝基质的黏结性，随后进行混凝土 3D 打印试验研究，结果表明，处理后的纤维可增强复合材料的抗弯强度，特别是掺入 1% 的碳纤维能够使构件具有最高 30MPa 的抗弯强度。

Mazhoud 等通过掺加水下不分散剂来研究水下 3D 打印材料的可能性，结果表明，

对于水下 3D 打印材料，抗压强度随着打印速度的增加而降低，而在临界打印速度以下，3D 打印砂浆的弹性模量随着打印速度的增加而减小。Ju 等利用 CT 扫描、frozen-stress 技术和光弹性试验研究 3D 打印试件及其力学性能，结果表明，试件在断裂带附近的高应力分布区域和应力梯度方面，试验数据与模拟数值具有较好的一致性，光弹性方法可用来可视化不规则形状和夹杂物的随机空间分布对非均质结构和固体的强度、变形和应力集中的影响，为验证相应的数值解提供了良好的验证方法。

Wolfs 等进行了 3D 打印混凝土的层间黏结试验和打印试验，结果表明，对于多材料打印或在打印时用二次材料填充打印结构，应力可能并不只发生在垂直方向，在这些情况下，临界层不再是载荷最高的层，即初始层，基于分析强度的准则也不再成立，即对于 3D 打印混凝土来说，破坏层或可能存在的破坏层并不一定在初始层，而是在各向力偏值最大的间层中。Tay 等对 3D 打印的分层制造进行了研究，结果发现，初始层的流变性能影响与后续层的结合，两层之间界面的附着力是决定结构抗拉强度的关键，后一层的模量不受时隙的影响，而初始层的模量随时隙的增大而增大；初始层的高模量阻碍了界面的良好接触和混合，随着时间间隔的增大，界面的空隙越来越大，对层间强度的影响呈对数衰减，同时，为了支撑后续各层，保持结构稳定，需要初始层的高模量。Rahul 等的试验证明，3D 打印混凝土只有当材料屈服应力在一定范围内时才有可能分层建造，低屈服应力值会导致层的倒塌，阻止分层的可建性，但如果屈服应力太高，材料会太硬而不能挤出，新拌混合物的屈服应力建议在 1.5 ~ 2.5kPa 之间。

雷斌等对 3D 打印混凝土的可塑造性能进行了研究，结果表明，3D 打印混凝土材料的物理状态可大体分为三类：可塑状态、半固态和固态，同时，试体部分及整体的破坏形式主要有剥落破坏、挤出破坏、滑移破坏和倾覆破坏；此外，打印材料的可打印性能差会导致混凝土纤维孔隙增大，因此，即使抗压强度仍然很高时，弯曲强度也会明显降低。

Sanjayan 等通过延长层间打印时间（分别为 10min、20min 和 30min）来探究层间强度的影响因素，结果表明，影响层间强度的主要因素之一是层间表面的水分水平，如果表面是干燥的，则没有可加工性来形成黏结，而随着层间延迟时间的增加，抗压强度和抗弯强度先增大后减小，对于相同批次的材料，较大的层间时间间隔会降低材料的强度，而打印速度和喷嘴距较小时效果更好，所有这些参数是互补的，必须限制在一个最佳范围。

季羡林先生对中国文化曾有名喻：“中华文化这一条长河，有水满的时候，也有水少的时候；但从未枯竭。原因就是有新水注入。”中华文化兼收并蓄，以唐、宋文化形态为例：唐代中国文化呈现外展性的一面，充分接纳各族、各国文化，“胡姬酒肆”是市井景象，诸如“菩萨蛮”、“苏幕遮”、“苏和香”等教坊词牌都来自西域；国力已弱的宋代文化则出现内生性特征，转向社会内部、底部挖掘，出现世俗化趋势，方言诗词常见，如“渠”、“勃姑”等字。走进中国特色社会主义新时代，中国从站起来、富起来到强起来的今天，中华文化有了强大国力的支撑，呈现出更加繁荣的景象，优秀传统文化的传承与创新逐渐成为中国特色社会主义文化自信的一种表现。

Le 等和 Wolfs 等研究 3D 打印混凝土的层间黏结强度发现，打印效果不佳会导致混凝土制品的密度较低，随着层间打印间隙的增大，拉伸结合强度会降低，当间隙保持在 15min 时，键合大于材料的拉伸能力，而 30min 或以上的间隙会导致界面黏结失效，进而建立了特征黏结强度与时间的关系，同时指出界面缺水会随时间显著降低。Ma 等提出了一种挤压式 3D 打印系统，并研究其应力力学性能，结果表明，层间叠加导致了 3D 打印自由形态模型的层合结构，由于相邻细丝间的经度缺陷，模型整体力学性能呈现明显的各向异性，弯曲和剪切试验均表明，不同加载方向下，打印试样的抗压强度变化较大，垂直于细丝间弱界面的拉伸应力比平行于细丝间弱界面的拉伸应力更容易产生裂纹，定向纤维在挤出过程中从喷嘴的窄口处对长丝产生一定的力学增强；同时还发现，电磁干扰监测被证明是一种有效的损伤检测和定量方法，结构损伤引起的结构机械阻抗的变化导致了 PZT 信号的变化。

Zareiyan 等利用齿状联锁结构进行了 3D 打印混凝土的层间粘接试验，结果表明，无论采用何种测试方法，齿状联锁层（0.25 英寸和 0.5 英寸）都会增加各层之间的结合，沿层间截面受压时，0.5 英寸的互锁试件的黏结强度从 16% 提高到 19%，平均提高约 17%（层间黏结）；此外，劈裂试验的黏结强度增加了 26%，这可能是因为层间接触面的增加。

Feng 和 Xia 等研究了 3D 打印技术的喷印方向对混凝土构件的影响，结果表明，所有 3D 打印立方体在 X、Y、Z 三个方向加载时，其破坏模式相似，均为沙漏形开裂，但在 X 方向（即打印头移动方向）加载时，其抗压强度和弹性模量最高，且喷印方向对结构的承载能力有显著影响。Wolfs 等对试件的尺寸效应和密实度因素进行了研究，通过定制的三轴压缩试验装置，与平行进行的单轴压缩试验和超声波透射试验进行了比较，结果表明，试样的尺寸、密实程度或打印材料中存在的小裂缝和空隙，在较后的混凝土龄期影响显著，在龄期为 60min 或 90min 时，压实构件的强度比未压实构件高很多。

本节以 31 个省份为研究对象，对 1978 ~ 2017 年我国要素禀赋重心和经济重心耦合趋势进行研究，从而更好地刻画了我国要素禀赋分布格局的动态演进过程。结果显示，改革开放以来我国劳动力重心较为稳定，资本重心表现出阶段性移动特征，劳均资本重心在不同时期空间上呈相对稳定的渐进式变化。

从上述研究可以看出，研究人员已提出了一些可行的 3D 打印混凝土性能测试方法，包括新拌性能试验和力学性能试验等。但是，还没有形成较为系统的试验标准和规范，特别是可在现场试验的简易方法仍没有很好地建立与完善。

三、3D 打印混凝土的应用

混凝土 3D 打印技术的特点是利用 CAD 等建模软件，在自然关节扫描结果上进行重建，打印虚拟三维关节模型，并能直接将数字关节模型转换为物理模型。

选取 2016 年 5 月 ~ 2018 年 5 月在我院接受治疗后证实为冠状动脉狭窄的患者 74 例作为研究对象，按照治疗前检查方法的不同将其分成对照组和研究组，各 37 例。其中，对照组男 25 例，女 12 例，冠状动脉狭窄病史 1 ~ 9 个月，平均（3.4 ± 0.8）个月，年龄 42 ~ 75 岁，平均（60.7 ± 4.1）岁；研究组男 23 例，女 14 例，冠状动脉狭窄病史 1 ~ 9 个月，平均（3.2 ± 0.5）个月，年龄 41 ~ 78 岁，平均（60.4 ± 4.6）岁。两组患者一般资料比较，差异无统计学意义（$P > 0.05$）。

Sakin 等对 BIM 技术和 3D 打印技术的适用性进行了研究，发现 BIM 可以提高设计的细节和精度，设计的建筑和行动计划会更加具体，通过 BIM 能同步且更系统地对建筑物进行精准建造。3D 打印技术在建筑上有诸多优势，不仅能降低成本，环保利用原材料，改进施工流程，还能减少现场高危作业，减少建造时间。

Vaitkevičius 等将超声波活化技术和 3D 打印技术结合，研究超声波技术对 3D 打印混凝土的影响，从结果可知，超声波活化使 3D 打印技术过程更容易控制，技术不再依赖环境条件（温度和风），可以得到更好的强度和更耐用的打印混凝土，在诱导前的水化过程中，用超声波弥散仪激活黏合剂，可以产生更多的钙矾石晶体，随着钙矾石晶体数量的增加，凝固时间大大缩短，可显著提高打印速度；同时，在进一步的水化阶段，对比没有超声波活化的组别，超声波活化使打印混凝土的力学性能提高了约 10%。Nerella 等研究出一种新的现场 3D 混凝土打印方法，试验证明了可打印混凝土在新拌和硬化状态下的重要性能，并提供了研究可打印混凝土的可泵性、可挤压性和可建造性的试验方法。

对于 3D 打印，硬件与软件的发展都不可或缺。对于软件，一个重要的问题是确保在建筑设计、结构分析和打印过程中使用的应用程序的互操作性。Marczyk 等指出，3D 打印技术的成功不仅取决于改善设计和生产过程之间的关系，还取决于工程师设计建筑构件的技能。混凝土或地聚合物的打印性能取决于机械性能和和易性，可以通过选择材料和打印参数进行优化。

如今，混凝土 3D 打印技术在很多国家都已经有建筑实例。在国外，美国海军陆战队司令部增材制造团队使用了世界上最大的混凝土 3D 打印机建造军营；世界上最大 3D 打印建筑已在迪拜竣工；墨西哥开建的“3D 打印社区”预计会完工 50 栋住宅。在国内，河北工业大学打印完成了世界最长跨度装配式混凝土 3D 打印赵州桥；上海市有 10 幢 3D 打印建筑将落成；在新冠疫情期间使用了 3D 打印隔离病房。这些都印证了 3D 打印技术在土木工程领域的应用与融合。对于土木工程领域现有的 BIM 技术及其他建模技术，3D 打印与它们融合及共同发展的前景广阔。而混凝土 3D 打印技术的跨界运用，也是可以思考和探索的内容，不管是航天或是海洋工程等。

研究中存在的问题主要有：虽然在改善 3D 打印混凝土材料上有较大突破，但仍然缺乏系统研究；对混凝土 3D 打印机器的研究仍有不足，距离大规模工业化生产仍有距离；对 3D 打印混凝土的材料配比及试验方法虽有探索，但没有形成统一的衡量标准和规范。

未来的研究方向主要是：混凝土 3D 打印技术是一项新兴技术，将给土木工程领域带来巨大变革。目前的关键是对 3D 打印混凝土的性能、试验与评价标准进行更系统的研究，力求有一套比较完善的 3D 打印混凝土规范，以引导混凝土 3D 打印技术的后续发展。对于 3D 打印混凝土的材料、配比及机器本身的问题，需要更加深入的研究，从各项性能提升入手，系统探究 3D 打印混凝土的局限性和可发展性。在铁路污工梁人行道设计标准中，采用 U 型螺栓等预埋件连接的角钢支架成为宽 0.50 ~ 1.55m 人行道的主导方法，这些连接件成为承受托架动静载荷的关键着力点。由于螺栓连接方式及受力状态比较复杂，加之在运营过程中外界环境和列车振动的影响以及在日常维修不当，在人行道宽度较大的桥梁中逐渐出现螺栓弯曲和折断的病害，然而这些关键连接件一旦出现问题，可能造成托架脱落导致的人身伤害。

原生态（原址）保护模式就是对遗址原样保存，不进行大规模的改造，这是最符合文化遗产保护理念的一种模式。这种模式的劣势在于相对浪费土地等资源，无法产生相关的经济效益。这种模式主要针对一些具有特殊价值的近现代矿冶文化遗产和大多数古代矿冶文化遗产。德国弗尔克林根钢铁厂、日本石见银山遗迹及其文化景观和中国绝大多数古代矿冶文化遗产就采取了这类模式。

加快混凝土 3D 打印技术的应用探索及研究，从工程角度解决实际生产中的技术瓶颈。

参考文献

[1] 赖诗卿 .3D 打印技术在产品设计中的运用研究 [J]. 工业设计，2020(10)：31-32.

[2] 张珑荟 . 基于 3D 打印技术在文创产品设计中的应用研究 [D]. 武汉：湖北工业大学，2018.

[3] 阴璇 . 基于 3D 打印技术的机械零件创新自由设计 [D]. 太原：太原科技大学，2016.

[4] 杨艳石 .3D 打印技术驱动产品设计新模式 [J]. 设计，2015(19)：82-83.

[5] 肖潇 .3D 打印技术在个性化创意设计中的应用 [J]. 设计艺术研究，2015，5(01)：70-73.

[6] 黎志勇，杨斌，王鹏程，等. 金属 3D 打印技术研究现状及其趋势 [J]. 新技术新工艺，2017(4)：25-28.

[7] 邓诗贵. 锡铋低熔点金属 3D 打印材料及工艺的研究 [D]. 南宁：广西大学，2016.

[8] 王磊，刘静. 低熔点金属 3D 打印技术研究与应用 [J]. 新材料产业，2015(1)：27-31.

[9] 曾光，韩志宇，梁书锦，等. 金属零件 3D 打印技术的应用研究 [J]. 中国材料进展，2014(6)：376-382.

[10] 唐通鸣，陆燕，李志扬，等. 新型 3D 打印材料 ABS 的制备及性能研究 [J]. 现代化工，2015，35(7)：50-52.

[11] 陶岩 .3D 打印技术的现状和关键技术分析 [J]. 化工设计通讯，2019(5)：87-88.

[12] 郭继周，邓启文 . 我国 3D 打印技术发展现状及环境分析 [J]. 国防科技，2017：35-39.

[13] 张晶晶 . 中国 3D 打印技术应用的现状及发展思路 [J]. 山东工业技术，2016(16)：262.

[14] 艾亮 . 金属零件 3D 打印技术的综合应用研究 [J]. 南方农机，2019，50(15)：104.

[15] 樊鹏 . 金属零件 3D 打印技术现状及应用：2017 年第七届全国地方机械工程学会学术年会暨海峡两岸机械科技学术论坛论文集 [C]. 海口：海南省机械工程学会，2017.

[16] 王晨 . 论 3D 打印技术在汽车制造与维修领域的应用 [J]. 湖北农机，2020（7）：68.

[17] 马忠波 . 基于 3D 打印技术在汽车制造与维修领域的应用探究 [J]. 内燃机与配件，2018（6）：231-232.

[18] 丁烈云，徐捷，覃亚伟 .3D 打印数字建造技术研究综述应用 [J]. 土木工程与管理学报，2015（03）：1-10.

[19] 程贵顺 .3D 打印技术及其应用分析 [J]. 科技传播，2018（21）：78-79.

[20] 江洋 .3D 打印技术在陶瓷产品设计中的应用初探 [J]. 艺术科技，2018，31（08）：129.

[21] 黄有望，贾莉 . 激光 3D 打印技术在产品设计中的应用研究 [J]. 激光杂志，2018，39（08）：93-95.

[22] 段望春，高佳佳，董兵斌，等 .3D 打印技术在金属铸造领域的研究现状与展望 [J]. 铸造技术，2018，39（12）：2895-2900.

[23] 熊海涛 .3D 打印技术在拖拉机零部件模具制造中的应用 [J]. 农机化研究，2019，41（10）：254-258.

[24] 朱长永，班乃明，张欣 . 激光 3D 打印技术的产品设计系统设计与实现 [J]. 激光杂志，2018，39（12）：88-92.